欢乐数学营

速算达人

是这样炼成的

朱用文 著

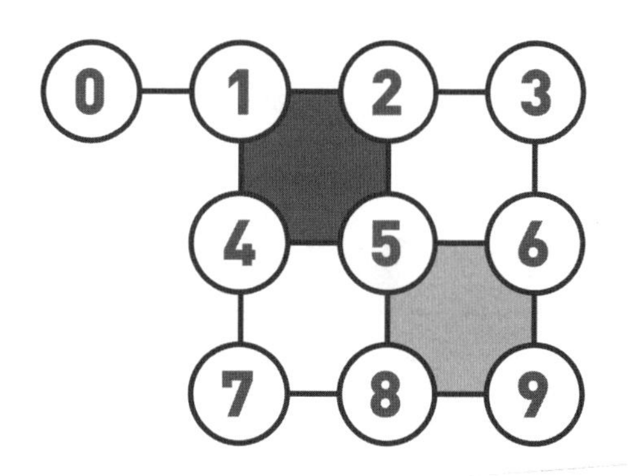

QUICK
CALCULATION

人民邮电出版社
北京

图书在版编目（CIP）数据

速算达人是这样炼成的 / 朱用文著. -- 北京 : 人民邮电出版社, 2023.4
（欢乐数学营）
ISBN 978-7-115-60475-0

Ⅰ. ①速… Ⅱ. ①朱… Ⅲ. ①速算－青少年读物
Ⅳ. ①O121.4-49

中国版本图书馆CIP数据核字(2022)第220880号

内 容 提 要

本书以通俗的文字深入浅出地介绍了加、减、乘、除等算术运算的速算方法，内容包括加减法速算、乘法一口清、两位数乘法速算、两位数乘多位数速算、多位数乘除法速算、九宫速算法。其中，乘法的剪刀积方法、梅花积方法、九宫速算法等内容是作者对速算理论的最新贡献。

本书实现了传统与创新融合、理论与实用兼顾、模块化与整体统一，可供中小学生、家长以及广大青年朋友阅读，亦可供教育工作者和有关研究人员参考。

◆ 著　　　　朱用文
　责任编辑　刘　朋
　责任印制　陈　犇

◆ 人民邮电出版社出版发行　　北京市丰台区成寿寺路 11 号
　邮编　100164　　电子邮件　315@ptpress.com.cn
　网址　https://www.ptpress.com.cn
　涿州市京南印刷厂印刷

◆ 开本：720×960　1/16
　印张：14　　　　　　2023 年 4 月第 1 版
　字数：203 千字　　　2025 年 1 月河北第 9 次印刷

定价：59.90 元

读者服务热线：(010)81055410　印装质量热线：(010)81055316
反盗版热线：(010)81055315
广告经营许可证：京东市监广登字 20170147 号

序　言

朋友，你想了解最新的速算理论吗？你想提高自己的速算本领吗？你想让自己的孩子提高数学成绩吗？你想成为速算达人吗？你想要管窥数学之美吗？那么，请让本书奉献给你一些神奇且实用的速算技巧。

本书第 1 章讲述加减法速算，其中的基本思想是寻找和利用各种简单的模式。如果你掌握了幼学公式、弱冠公式、而立公式、不惑公式、五指公式、勾股定理、世纪之和、对称法求和等公式和方法，就可以从容心算众多数字的加减法，进而就可以像速算达人那样玩转众多多位数的加减法速算。

第 2 章告诉你如何练就乘法一口清本领，其中对于乘数 2、3、4、9 建议使用史丰收速算法，对于乘数 5、6、7 建议使用除法，对于乘数 7、8、9 建议使用减法（是的，对于乘数 7、9 有两种算法）。在对本书内容融会贯通之后，你还可以使用后面介绍的剪刀积与小小进位法等。

第 3 章介绍对于学生来说可能最为实用的两位数乘法速算技巧，根据两个乘数中四个数字的大小分为四小型、前一大型、后一大型、大大小小型、大小大小型、小大小大型、大小小大型、前一小型、后一小型、四大型等 10 种类型进行介绍。百川归海、万法同宗，这些分散的方法最终可以统一为退补积法和虚拟进位法，并且可以推广到任意多位数的乘法。

第 4 章介绍两位数乘多位数的速算方法，主要是在乘法速算基本公式的基础上介绍主部进位法、虚拟进位法、活动尺子法等方法。最后一种方法对于多位数乘以两位数的乘法特别有效，由两位数的恰当分解所获得的活动尺子在任意多位数的被乘数上逐位移动，所到之处就给出了乘积的结果。

第 5 章在最一般的意义下讲授乘除法，介绍了多位数乘除法速算技巧。除了简单介绍史丰收速算法的各种乘法口诀，推广前面的退补积法、虚拟进位法之外，重点推出了剪刀积、梅花积等方法。这些方法与小小进位法及微调法结合使用，成为多位数乘除法速算中最为新颖与神奇的武器。相对于乘法的史丰收速算法的 26 句口诀，梅花积方法仅有“三七同临，隔三岔五”8 个字！

第 6 章简单介绍九宫速算法，这是从中国传统文化中发掘出来的算术方法，可视为“洛书上的数学”。由于九宫图是天然的记忆宫殿，由于加减法基本图示具有很强的直观性，由于加减法与乘法运算可以采用旋转不变性定理，更由于九宫图可以呈现完整的乘法表，九宫图成为加、减、乘、除等算术运算中最为纯粹的速算工具——九宫算盘。

本书注重学术性与通俗性的统一，通过深入浅出的介绍和相对独立的模块化展示，让你随便翻阅到哪一节都能学到一定的速算方法。然而，各个章节之间又有有机的联系，前后贯通，融合成几套系统的速算理论。这些理论既有传承，又有创新，如史丰收速算法是经典理论，而剪刀积方法、梅花积方法、九宫速算法等则是作者的最新贡献。九宫速算法可谓基于洛书的算术方法，是在我国传统数学成就上的创新。本书不仅讲述速算理论和方法，还同时融入心理学、教育学的技术，提供理解和掌握有关内容的方法，让读者鱼渔兼得。此外，无论是梅花积的优美性质还是小小进位法的简单快捷，无论是九宫图的旋转不变性还是普通乘法表在九宫图上的完整呈现，无不展现出数学的纯粹、奇特与美妙。

本书可供中小学生、家长以及广大青年朋友阅读，亦可供教育工作者以及有关研究人员参考。

在撰写本书的过程中，我得到了学院领导的大力支持，也得到了我的家人、相关同事和朋友的支持与帮助，在此一并表示衷心的感谢！

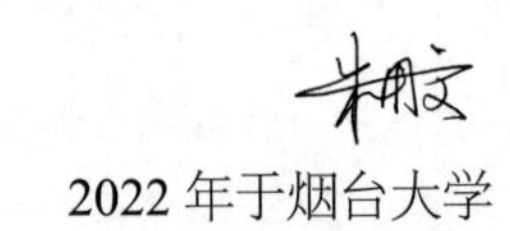

2022 年于烟台大学

目　录

第1章 加减法速算

2017 年 3 月 17 日，江苏卫视综艺节目《最强大脑》第 4 季推出中日速算对决，中国“心算小魔女”钟恩柔挑战日本“心算大帝”土屋宏明！比赛规则为：随机选择 9 道题，每道题抢答正确时得 1 分，抢答错误时对方得 1 分，率先得 5 分者获胜。其中，第四道题是如下 15 个三位数混合加减法口算题：

$$\begin{aligned}&752+149+385+751-492\\&+936+358+861-573+729\\&+148+782+514+167+623。\end{aligned}$$

钟恩柔与土屋宏明看到题目后立刻计算出了结果，几乎同时抢答，都给出了正确答案 6090。是不是很神奇？他们是怎么做到的呢？

当然，他们用的都是珠心算。所谓珠心算就是在心里打算盘，需要经过漫长时间的训练才能出成绩。本书介绍一些纯粹的算术方法，让你也能够秒算多位数的加减法。这些方法容易学习，你一旦掌握就会经久不忘。

第 1 节　巧用补数

目前，我们只讨论关于 10 的补数，因为善用它们可以极大地提高一位数加减法速算能力，而这是多位数加减法速算的基础。

如果两个数字的和等于 10，那么我们就说这两个数关于 10 互为补数。伸出一双手，共有 10 根指头。如果弯曲 1 根指头，那么伸开的还有 9 根指头，因此 1 与 9 互为补数；弯曲 2 根指头，还有 8 根指头，因此 2 与 8 互为补数；弯曲 3 根指头，还有 7 根指头，因此 3 与 7 互为补数……我们可以将成对互补的数字列成下表：

1 ⟷ 9
2 ⟷ 8
3 ⟷ 7
4 ⟷ 6
5 ⟷ 5
6 ⟷ 4
7 ⟷ 3
8 ⟷ 2
9 ⟷ 1

为了方便心算，我们将这些补数对记为：<19>（读作一九）或<91>（读作九一），<28>（读作二八）或<82>（读作八二），<37>（读作三七）或<73>（读作七三），<46>（读作四六）或<64>（读作六四），<55>（读作五五）。

熟记这些补数对以后，就可以快速进行一位数的加法运算。例如，$4+8=4+(6+2)=(4+6)+2=10+2=12$。明白了其中的道理之后，我们可以在心里快速进行以下运算：$4+8\rightarrow4+6+2\rightarrow12$。注意，这里的 4 和 6 互为补数，其和为 10。因此，当你默念 $4+6+2$ 的时候，就已经知道答案是 12 了。显然，这里的加法记号会大大地影响心算速度。如果省略这些加号，而只读数字串，那么心算的速度就会大大提高。据此，我们将上述心算过程简写成：

<48>→<462>→12

我们在读这些数的时候，只需要从左到右依次默念各个数字：四八，四六二，一二。当然，我们心里明白，最后的数字串 12 是所求的答案，它是一个两位数，

代表的就是十二。请特别注意本书中尖括号的使用方法。我们规定，尖括号表示对其中的所有数字求和。例如，在上述例子中，<48>=4+8，<462>=4+6+2。

再看一个例子：4+8+9=？心算过程如下：4+8+9→4+6+2+9→4+6+2+8+1→21。注意，这里的 4 和 6 互为补数，其和为 10；2 和 8 也互为补数，其和也是 10。因此，当默念 4+6+2+8+1 的时候，你就已经知道答案是 21 了。省略加号后，我们可以将上述心算过程描述为：

<489>→<4629>→<46281>→21

同样，对于 5+9+7+6+8+2，可以心算如下：

<59>→<554>→<5547>→<55461>→<554616>→<55467>
→<554678>→<5546735>→<55467352>→<5546737>→37

这里出现了三对补数，它们是 5 和 5、4 和 6、7 和 3。因此，当默念<5546737>的时候，你就已经知道答案是 37 了。

我们看到，当用补数进行加法口算时，只要按照节奏默念补数口诀，就可以得到答案。这里的节奏很像三字经、五言诗句或者七言诗句的节奏。可见，加法口算可以像朗读诗歌一样轻松愉快！

如果是听算题（听到题目进行口算），那么我们就只能按照题目中数字出现的次序逐步进行计算，就像上面我们所做的那样。但如果是看算题（看到题目进行口算），求和的次序就可以灵活地变化。例如，8+9+2+4+6+5+1=(8+2)+(9+1)+(4+6)+5=10+10+10+5=35，也就是说我们可以默念数字串<8291465>，从而立即得到答案 35。

再如，为了求数字串 48934756 中的所有数字之和，我们可以先读取前四个数字构成的串 4893，观想它们的补数所形成的串 6217，在该数字串的后续串 4756 中可以找到 6 和 7，但是看不到 1 和 2。于是，我们从 4 中拆出 1 和 2 后还多出 1。将最后一个数字 5 计算进来，我们有 1+5=6，从而得到结果的个位数为 6。因为其中出现了 4 对补数，所以我们得到最后的总和为 40+6=46。以上心算过程可以简单地表示为：

$$<48934756>\to<(4893)4756>\to4<(\overline{6217})4756>\to4<(\overline{12})45>$$
$$\to4<(\overline{12})1215>\to4<15>\to46$$

括号外面的 4 代表四对互为补数的数的总和 40，数字上面的横线表示减号，如$\overline{12}$相当于$-1-2$。

为了计算众多数字的和，必须灵活运用补数。无论我们说出几个数字，都应该迅速在头脑中想到相应的补数是哪几个数字。比如，数字 1、2、3 的补数分别是 9、8、7，数字串 123 的补数串是 987。由于同时加上 1、2、3 相当于从 30 中减去补数 9、8、7，我们将从数字串 123 到补数串 987 的变化过程简单地记为 $123\to\overline{987}$。同理，我们有 $658\to\overline{452}$，$7724\to\overline{3386}$，$56723\to\overline{54387}$，等等。

本节要点可以总结为关于互为补数的数对的口诀：

一九、九一	二八、八二	三七、七三	四六、六四	五五
<19>、<91>	<28>、<82>	<37>、<73>	<46>、<64>	<55>

你是否熟练地掌握了这些口诀呢？可以通过以下练习题来自查。注意，只能口算，不可以使用任何计算工具，要求又快又准。

练习题

口算下列数字串中的所有数字之和：

（1）35986；

（2）74752；

（3）1236229；

（4）3967254；

（5）845369；

（6）7445488；

（7）333863；

（8）46926674；

（9）741922298；

（10）6543593443；

（11）574348293532；

（12）1235672348567894675。

练习题答案：（1）31；（2）25；（3）25；（4）36；（5）35；（6）40；（7）26；（8）44；（9）44；（10）46；（11）55；（12）98。你算对了吗？用时多少？

第 2 节　幼学公式

《礼记 · 曲礼上》：“人生十年曰幼，学。”这句话的意思是人生十岁称为幼年，正是开始学习的年纪。因此，可以称十岁为幼学之年。本节介绍<1234>公式及其变种，它们都是关于总和恰好等于 10 的一些公式，可以统称为幼学公式。

所谓<1234>公式（读作一二三四公式）就是指四个数字 1、2、3、4 之和等于 10，即 $1+2+3+4=10$。这是一个非常简单的公式，读者可以自行验证。但是，验证不是重点，这里的重点是你必须牢记并善于运用它。你会看到，这的确是一个非常实用的公式，一旦学会运用它，你的速算能力就会立马起飞。请看如下例子。

$4+8+1+2+3=$？因为 $1+2+3+4=10$，所以可以见题出答案 18。

$5+1+2+3=$？因为 $1+2+3+4=10$，而 $5=4+1$，所以可以见题出答案 11。

$8+1+4+3=$？因为 $1+2+3+4=10$，而 $8=2+6$，所以可以见题出答案 16。

$1+2+4+7=$？因为 $1+2+3+4=10$，而 $7=3+4$，所以可以见题出答案 14。

$1+2+4+4+3+2+2+3=$？我们可以先挑出 4 个数 1、2、4、3，剩下的四个数是 4、2、2、3，而 $4+2+2+3$ 比 $4+1+2+3$ 多 1，所以可以见题出答案：$10+10+1=21$。

下面研究<1234>公式的变种。

采用升降法，可以将 1 升为 2，同时将 4 降为 3，于是有 $1+4=2+3$。因此，$1+2+3+4=(1+4)+(2+3)=(1+4)+(1+4)=(2+3)+(2+3)$，故 $1+4+1+4=10$，

2 + 3 + 2 + 3 = 10。这里得到<1234>公式的两个变种<1414>公式和<2323>公式。为了帮助记忆，我们可以适当运用谐音编码的方法。<1414>可读作幺四幺四，这听起来像是“钥匙钥匙”，简单地说就是“两把钥匙”。因此，我们可以将<1414>公式称为两把钥匙公式。<2323>读作二三二三，可编码为“和尚和尚”（两个和尚）。因此，<2323>公式可以形象地称为两个和尚公式。另外，<2323>亦可以改写为<3322>，而后者恰好是成语“三三两两”。因此，我们又得到<3322>公式，称之为三三两两公式。

采用升降法，将 2 同时增减 1，分别得到 3 和 1，因此有 2+2=1+3，从而可得 1+2+3=2+2+2。可见，从 1+2+3+4=10 出发，可以得到 2+2+2+4=10。于是，我们得到<1234>公式的另一个变种<2224>公式。<24>可编码为“盒子”，而<2224>可编码为“盒盒盒子”，我们简称其为“大盒子”。因此，我们可以将<2224>公式称为大盒子公式。

同样，采用升降法，将 3 同时增减 1，分别得到 4 和 2，因此有 2+4=3+3，从而 2+3+4=3+3+3。可见，从 1+2+3+4=10 出发，还可以得到 1+3+3+3=10。于是，我们得到<1234>公式的又一个变种<3331>公式。根据读音近似的特点，我们可以将<31>编码为“鲨鱼”，于是，<3331>就是“鲨鲨鲨鱼”，简称为“大鲨鱼”。因此，<3331>公式也可以叫作大鲨鱼公式。此外，我们由 3331 容易想到贝多芬的命运主题。

综上所述，<1234>公式有如下变种：<1414>（两把钥匙）、<2323>（两个和尚）、<3322>（三三两两）、<2224>（大盒子）、<3331>（大鲨鱼）。

请看下面的例子。

5+3+2+2+7+4+1+4=？注意，<5322>比<3322>多出 2（因为 5−3=2），而<7414>比<1414>多出 6（因为 7−1=6）。因此，根据三三两两公式和两把钥匙公式，我们立即得到所要求的和为 10+2+10+6=28。

3+3+6+3+2+5+2+2=？注意<3363>比<3313>多出 5（这是因为 6−1=5），而<2522>比<2422>多出 1（这是因为 5−4=1）。因此，根据大鲨鱼公式和大盒子公式，我们立即得到所要求的和为 10+5+10+1=26。

本节要点是你必须牢记以下这些幼学公式：

一二三四	两把钥匙	两个和尚	三三两两	大盒子	大鲨鱼
<1234>	<1414>	<2323>	<3322>	<2224>	<3331>

你是否熟练地掌握了这些公式？可以通过以下练习题来自查。注意，只能口算，不可以使用任何计算工具，要求又快又准。

练习题

口算下列数字串中的所有数字之和：

（1）1235；

（2）1834；

（3）1247；

（4）9234；

（5）32234117；

（6）72245422；

（7）33387333；

（8）22721441；

（9）23239222；

（10）5142354333；

（11）7123462223331；

（12）3214333442226233。

练习题答案：（1）11；（2）16；（3）14；（4）18；（5）23；（6）28；（7）33；（8）23；（9）25；（10）33；（11）39；（12）47。你算对了吗？用时多少？

第 3 节　而立公式

孔子曰："三十而立。"这句话的意思是，人到了三十岁，就应该成家立业，就应该自立自强。本节介绍<6789>公式及其变种，它们都是关于总和恰好等于 30 的一些公式。因此，我们将这些公式统称为而立公式。

所谓<6789>公式（读作六七八九公式）就是指四个数字 6、7、8、9 之和等于 30，即 6+7+8+9=30。读者可以自行验证该公式的正确性，但这不是重点，重点是你必须牢记并熟练地运用它。与<1234>公式一样，<6789>公式也非常实用，请看如下例子。

7+9+7+8+6=？因为 6+7+8+9=30，所以可以见题出答案 37。

8+7+8+9=？因为 6+7+8+9=30，而 8=6+2，所以可以见题出答案 32。

9+7+9+6=？因为 6+7+8+9=30，而 9=8+1，所以可以见题出答案 31。

8+7+6+6=？因为 6+7+8+9=30，而 6=9−3，所以可以见题出答案 30−3=27。

8+7+7+9+9+8+6+7=？由于<8779>比<8769>多出 1，两次运用<6789>公式，立刻得到：原式=30+1+30=61。

8+1+2+7+6+9+4+3+8=？因为重新分组后可以得到(1+2+3+4)+(6+7+8+9)+8，所以同时运用<1234>公式与<6789>公式，立即得到总和是 10+30+8=48。

1+2+6+9+8+4+8+4=？因为重新分组后得到(1+2+4+4)+(6+8+8+9)，其中<1244>比<1234>多出 1，<6889>比<6789>多出 1，所以立即得到总和为 10+30+1+1=42。

下面研究<6789>公式的变种。

采用升降法，可以将 6 升为 7，同时将 9 降为 8，于是有 6+9=7+8。因此，6+7+8+9=(6+9)+(7+8)=(6+9)+(6+9)=(7+8)+(7+8)。这里得到<6789>公式的两个变种<6969>公式和<7878>公式，即 6+9+6+9=30，7+8+7+8=30。

根据数字谐音编码的方法，<69>可以编码为“辣椒”，而<78>可以编码为“西瓜”。所以，我们可以将刚才得到的两个变种公式分别叫作两只辣椒公式和两个西瓜公式。

采用升降法，将 7 同时增减 1，分别得到 8 和 6，因此有 6+8=7+7，从而可得 6+7+8=7+7+7。可见，从 6+7+8+9=30 出发，可以得到 7+7+7+9=30。

于是，我们得到<6789>公式的第三个变种 <7779>公式。根据谐音法，<79>可以读作“气球”，<7779>就是“气气气球”，我们将其简称为“大气球”。因此，<6789>公式的第三个变种就是大气球公式。

同理，采用升降法，将 8 同时增减 1，分别得到 9 和 7，因此有 7+9=8+8，从而可得 7+8+9=8+8+8。可见，从 6+7+8+9=30 出发，又可以得到 6+8+8+8=30。

于是，我们得到<6789>公式的另一个变种 <8886>公式。利用数字谐音编码的方法，<86>可以编为“菠萝”，<8886>就是“菠菠菠萝”，我们将其简称为“大菠萝”。因此，<6789>公式的第四个变种就是大菠萝公式。

综上所述，<6789>公式有如下变种：<6969>（两只辣椒）、<7878>（两个西瓜）、<7779>（大气球）、<8886>（大菠萝）。

请看下面的例子。

6+9+9+8+7+8+7+9=？<6998>比<6996>多出 2（因为 8−6=2），而<7879>比<7878>多出 1（因为 9−8=1），因此根据两只辣椒公式和两个西瓜公式，我们立即得到所要求的和为 30+2+30+1=63。

7+7+7+9+5+8+8+8+8=？注意<8888>比<8886>多出 2（这是因为 8−6=2），运用大气球公式和大菠萝公式，我们立即得到所要求的和为 30+5+30+2=67。

可以将而立公式与上一节介绍的幼学公式结合起来运用。贝多芬的《欢乐颂》第一句的简谱忽略节奏后可以写成如下音符序列：334554321123322。我们来口算这些数字的和。综合运用<6969>公式与<1234>公式，可得：

<334554321123322>→<6996123322>→<699612334>
→<696912343>→30+10+3=43

最后看一道更为复杂的例题。口算下列数字串中所有数字的总和：66992325787941426799。口算过程如下：从左往右看，首先<6699>等于 30；其次，<2325>比<2323>多 2，和是 12，此时总和为 42；再次，<7879>比<7878>多出 1，和为 31，此时总和为 42+31=73；接下来，<4142>比<1414>多出 1，等于 11，此时总和为 73+11=84；最后，<6799>比<6789>多 1，和为 31，故最终的答案为 84+31=115。稍加修改，上述口算过程可表述为：

<66992325787941426799>→<6699, 2323, 2787941426799>

→<6699, 2323, 987941426799>→<6699, 2323, 9876, 341426799>

→<6699, 2323, 9876, 3412, 46799>

→<6699, 2323, 9876, 3412, 6789, 41>

→<6699, 2323, 9876, 3412, 6789, 5>

→30+30+30+10+10+5=115

本节的要点就是必须牢记如下而立公式：

六七八九	两只辣椒	两个西瓜	大气球	大菠萝
<6789>	<6969>	<7878>	<7779>	<8886>

你是否熟练地掌握了这些公式呢？可以通过以下练习题来自查。注意，只能口算，不可以使用任何计算工具，要求又快又准。

练习题

口算下列数字串中的所有数字之和：

（1）36789；

（2）69663；

（3）699634878；

（4）887746699；

（5）777929777；

（6）88869888；

（7）697878789966；

（8）977787776777；

（9）388848886888；

（10）6788788869996789；

（11）123456789987654321；

（12）22246888333777743327889。

练习题答案：（1）33；（2）30；（3）60；（4）64；（5）62；（6）63；（7）90；（8）86；（9）85；（10）123；（11）90；（12）124。你算对了吗？用时多少？

第 4 节　弱冠公式

《礼记 · 曲礼上》有言："二十曰弱，冠。"这句话的意思是 20 岁成年，当进行加冠礼（古代的成人礼）。因此，弱冠之年是指 20 岁的年纪，也就是刚刚成年。本节所谓的弱冠公式是指总和刚好凑成 20 的一些公式，其中包括<785>、<893>、<956>等公式。

因为 7、8 的补数分别为 3、2，而 3、2 之和为 5，所以我们有 7、8、5 之和为 20，即得到<785>公式：

$$7+8+5=20。$$

同理，可以得到<893>公式：

$$8+9+3=20。$$

可以得到<956>公式：

$$9+5+6=20。$$

还可以得到<992>、<884>、<776>、<668>、<974>等公式。以上这些都是弱冠公式。

为了便于记忆，我们采用数字谐音编码法，将这些弱冠公式编码为：<785>（骑马舞）、<893>（芭蕉扇）、<956>（酒葫芦）、<992>（绣球儿）、<884>（搭巴士）、<776>（细细柳）、<668>（绿喇叭）、<947>（酒司机）。下面的例题展示了这些公式的威力。

例如，$8+9+4=8+9+(3+1)=(8+9+3)+1=20+1=21$。该运算过程可以简写成：

<894>→<8931>→21

这里出现<893>（芭蕉扇），运用<893>公式得到 20，故最后的和是 21。同理，因为：

<7863>→<78513>→<7854>→24

所以我们得到：7+8+6+3=24。因为：

<95762>→<95672>→<9569>→29

所以我们得到：95762 中的所有数字之和为 29。

下面看两个稍微复杂一点的例子。

为了求数字串 668948885 中的所有数字之和，可以进行以下心算：

<668948885>→<668, 947, 1, 885>→<668, 947, 884, 11>
→20+20+20+2→62

这里出现了<668>（绿喇叭）、<947>（酒司机）和<884>（搭巴士），分别运用<668>、<947>、<884>等公式，得到三个 20，因此最后的总和为 20+20+20+2=62。

为了求数字串 993678784769 中的所有数字之和，可以进行以下心算：

<993678784769>→<992, 776, 893, 866, 3>
→20+20+20+20+3→83

这里出现<992>（绣球儿）、<776>（细细柳）、<893>（芭蕉扇）和<668>（绿喇叭），分别运用<992>、<776>、<893>、<668>等公式，得到四个 20，因此最后的总和为 20+20+20+20+3=83。

也可以将弱冠公式与而立公式等结合起来使用。小提琴协奏曲《梁祝》的主题句的音符序列（忽略节奏）是 356126155165352，我们可以心算这一串数字。运用<668>与<6789>公式，可得总和为 56，心算过程如下：

<356126155165352>→<86612155165352>→<866, 9665352>
→<866, 96687>→<866, 6789, 6>→20+30+6→56

现在，大家是不是开始感觉公式有点多呢？

当今时代，人工智能（AI）技术得到了很快的发展。所谓人工智能就是机器模仿人的思维过程，它能够通过学习不断提高自身的技能。其实，反过来，人也应该向机器学习，任劳任怨地记忆一些东西，通过知识积累不断提高能力。速算可以成为人机互相学习的一个很好的例子。无论是机器还是人，只要记得多、算得多，就会算得快。因此，尽管速算公式有点多，但还是值得去努力记住的。记住其中的一些，运算速度就会跟普通人大不一样；而且记得越多，算得越快。当你记得足够多的时候，你就能够算得特别快，你就是速算达人！

为了帮助大家记忆本节中众多的弱冠公式，我们编了一个故事：我本想搭巴士（884），不料碰到一个酒司机（947）拿着酒葫芦（956）。谁敢乘坐他的车呀！我只好步行 20 里，来到细细柳（776）旁，看到 20 岁的小伙子跳着骑马舞（785），吹着绿喇叭（668），还有 20 岁的姑娘摇着芭蕉扇（893），抛撒着绣球儿（992）。

本节的要点总结为如下弱冠公式：

<785>骑马舞	<893>芭蕉扇	<956>酒葫芦	<992>绣球儿
<884>搭巴士	<776>细细柳	<668>绿喇叭	<947>酒司机

你是否熟练地掌握了这些公式呢？可以通过以下练习题来自查。注意，只能口算，不可以使用任何计算工具，要求又快又准。

练习题

口算下列数字串中的所有数字之和：

（1）678；

（2）895；

（3）957；

（4）994；

（5）887；

（6）778；

（7）669；

（8）948；

（9）679796；

（10）957569；

（11）7794866692；

（12）22268788395589。

练习题答案：（1）21；（2）22；（3）21；（4）22；（5）23；（6）22；（7）21；（8）21；（9）44；（10）41；（11）64；（12）82。你算对了吗？用时多少？

第 5 节　五指公式

如果连续的 5 个数字关于大小居中的那个数——中位数对称，那么我们就知道这 5 个数字之和等于中位数乘以 5，也就是说等于中位数乘以 10 再除以 2。如果我们伸出一只手，用 5 根指头分别代表这 5 个数，那么中指恰好代表中位数。此时，5 个数的总和就由中指决定。因为用一只手确定 5 个数的和，所以可以说一手定乾坤！而这种求 5 个数的和的公式就叫作**五指公式**。

例如，$2+3+4+5+6=$？这里的中位数等于 4，因此，

$$2+3+4+5+6=40\div2=20。$$

同理，有：

$$3+4+4+4+5=40\div2=20；$$

$$4+5+6+7+8=60\div2=30；$$

$$3+4+6+8+9=60\div2=30；$$

$$3+4+5+6+7=50\div2=25；$$

$$5+5+7+9+9=70\div2=35。$$

五指公式十分简单，前提条件是所要求和的 5 个数字必须关于中位数对称，判别的方法是：对于 5 个数中的任意一个数，如果它比中位数大（或者小）几，那么在这 5 个数中就一定有另外一个数与之对称，即它比中位数小（或者大）几。比如，当中位数等于 4 时，有 5 就必然有 3，因为它们分别比 4 大 1 和小 1，此时我们说 3 和 5 关于 4 对称，而且 3 的个数与 5 的个数必须相等。同样，2 和 6 也关于 4 对称，有几个 2 就应该有几个 6。1 和 7 也关于 4 对称，有几个 1 就应该有几个 7。这里要特别注意，4 与 4 关于 4 也是对称的，因此当 4 是中位数时，4 的个数必须是奇数才能保证对称性。

下面给出一些关于 4 对称的数字串：23456、22466、24446、14447、12467、11477、22466、44444。对于这种长度为 5 的对称数字串，求和才能用五指公式。在上面所给的这些数字串中，数字之和都是 $40\div2=20$。

12345、11355、23334、33333 是关于 3 对称的数字串，数字之和都等于 $30\div2=15$。

34567、24568、14569、45556、35557、25558、15559、55555 是关于 5 对称的数字串，数字之和都等于 $50\div2=25$。

45678、35679、56667、46668、36669、66666 是关于 6 对称的数字串，数字之和都等于 $60\div2=30$。

56789、57779、77777 是关于 7 对称的数字串，数字之和都等于 $70\div2=35$。5 个数字组成的关于 8 对称的数字串只有 77899、78889、88888 三个，数字之和都等于 $80\div2=40$。5 个数字组成的关于 9 对称的数字串只有一个，它是 99999，数字之和等于 $90\div2=45$。

对于长度为 5 的非对称数字串，我们可以找到与之最接近的对称数字串，从而间接应用五指公式。例如，数字串 23457 不是对称的，但是数字串 23456 是对称的，因此，

$$2+3+4+5+7=2+3+4+5+(6+1)=(2+3+4+5+6)+1=40\div2+1=21。$$

该心算过程可以简单地表示为：

<23457>→<23456, 1>→21

类似地，14449 中的所有数字之和等于 22，这是因为：

<14449>→<14447, 2>→22

下面看一个稍微复杂一点的例子。求数字串 5666834568 中的所有数字之和。因为：

<5666834568>→<56667, 134568>→<56667, 44568>
→<56667, 44566, 2>→30+25+2→57

所以，5666834568 中的所有数字之和为 57。

本节的要点就是应用长度为 5 的对称数字串求和的五指公式。

五指公式：中指所代表的数（中位数）的 10 倍折半

你是否熟练地掌握了五指公式呢？可以通过以下练习题来自查。注意，只能口算，不可以使用任何计算工具，要求又快又准。

练习题

口算下列数字串中的所有数字之和：

（1）45678；

（2）12345；

（3）23457；

（4）25568；

（5）33699；

（6）34688；

（7）69369；

（8）88789；

（9）2333467778；

（10）5468733699；

（11）234456666842；

（12）4444487888956785。

练习题答案：（1）30；（2）15；（3）21；（4）26；（5）30；（6）29；（7）33；（8）40；（9）50；（10）60；（11）56；（12） 99。你算对了吗？用时多少？

第 6 节　不惑公式

子曰："四十而不惑。"这句话出自《论语・为政》，意思是孔子说人到 40 岁时遇到事情不再感到困惑。后人就将 40 岁的年纪称为不惑之年。本节介绍的不惑公式是指那些和为 40 的典型公式。这些公式与前面学过的幼学公式、弱冠公式、而立公式等一样，看起来简单，用起来方便，对于加法的速算十分有效。

例如，8+8+8+8+8=40，7+8+8+8+9=40，7+7+8+9+9=40。用这些公式求和的数字串都是以 8 为中位数的对称数字串，因此运用五指公式立即得到其和等于 80÷2=40。或者只看第一个公式，根据乘法口诀，5×8=40。利用升降法，将 8 分别增减 1 得到 9 和 7。因此，从第一个公式出发，很容易推导出后面两个公式。上述公式的应用条件都是以 8 为中位数，故可以总结为"五指八中"。

进一步运用升降法，还可以推导出如下一些不惑公式：6+8+8+9+9=40，6+7+9+9+9=40，5+8+9+9+9=40，4+9+9+9+9=40。

最后一个公式很好记，因为 9 的补数是 1，4 个 9 补上 4 当然就是 40 了。所以，最后一个公式可记为"四九补四"。

上述第一个公式含有<88>（爸爸）、<99>（舅舅）、<6>（留或绿）、<89>（芭蕉），故可按以下谐音编码的方法进行记忆：<88699>，爸爸留舅舅（吃饭）；<99688>，舅舅留爸爸（吃饭）；<89689>，芭蕉绿芭蕉。

还记得芭蕉扇公式吗？8+9+3=20。注意到<89689>=<893893>，因此<89689>也可以理解为<893893>（芭蕉扇芭蕉扇，即两把芭蕉扇）。

第二、三个公式都含有3个9（旧或久），而<67>听起来有点像“楼梯”，<85>听起来像“巴乌”（一种吹奏乐器），因此<99967>、<99985>这两个不惑公式可以分别叫作旧旧旧楼梯公式和久久久巴乌公式。

下面我们来看不惑公式的一些应用。

例如，数字串7978932416中的所有数字之和显然为56，这是因为：

<7978932416>→<77899, 3241, 6>→40+10+6→56

这里对于数字串77899运用了五指八中公式，得到数字和为40；对于数字串3241应用了<1234>公式，得到数字和为10。

再如，数字串668859996799926898941中的所有数字之和为147，这是因为：

<668859996799926898941>→<668, 85999, 67999, 68989, 241>
→20+40+40+40+7→147

这里首先对于数字串668运用绿喇叭公式，接着连续三次应用不惑公式，即对于数字串85999应用久久久巴乌公式，对于67999应用旧旧旧楼梯公式，对于68989应用芭蕉绿芭蕉公式。

本节要点可以归纳为如下5个不惑公式。

五指八中	四九补四	旧旧旧楼梯	久久久巴乌	芭蕉绿芭蕉
例如<77899>	<99994>	<99967>	<99985>	<89689>

你是否熟练地掌握了这些不惑公式呢？可以通过以下练习题来自查。注意，只能口算，不可以使用任何计算工具，要求又快又准。

练习题

口算下列数字串中的所有数字之和：

（1）778999；

（2）99995；

（3）99969；

（4）99988；

（5）89789；

（6）979797999959996；

（7）8968978889299997；

（8）9988699966889889；

（9）994998998959879322；

（10）99994678978588888877999；

（11）1234999957779899889888894；

（12）678599999925588867878999967。

练习题答案：（1）49；（2）41；（3）42；（4）43；（5）41；（6）122；（7）125；（8）129；（9）128；（10）171；（11）169；（12）192。你算对了吗？用时多少？

第 7 节　勾股定理

所谓直角就是互相垂直的两条直线所形成的夹角，它是四等分一个圆周所得到的角，因此其度数为 90°。比如，方桌、电视机、书本的角通常都是直角。含有直角的三角形叫作直角三角形，其中两条直角边分别叫作勾和股，斜边叫作弦。所谓勾股定理是指在任意一个直角三角形中，两条直角边长度的平方和等于斜边长度的平方，如下图所示。我们的目的是利用勾股定理进行速算。为此，我们想要寻找边长为整数的直角三角形。

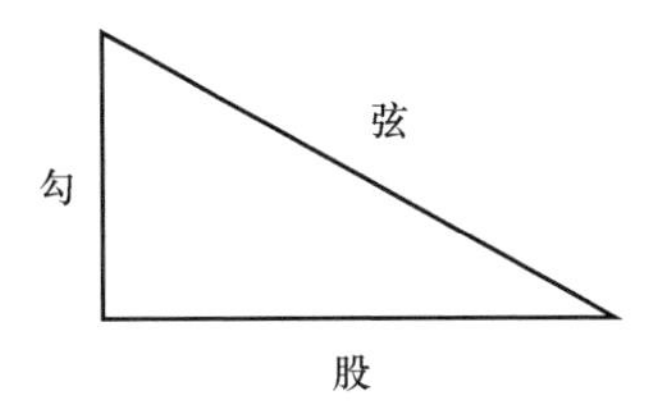

勾股定理的一个特别简单的情形是：若勾长、股长分别为 3 和 4，则弦长一定等于 5，正所谓勾三股四弦五，这是因为$3^2+4^2=5^2$，即$9+16=25$。

如果将上述三角形的尺寸扩大一倍，则得到的仍然是一个直角三角形，此时勾、股、弦的长度分别为 6、8 和 10，于是得到$6^2+8^2=10^2$，即$36+64=100$。

上述两个具体的公式分别叫作三四五勾股定理和六八十勾股定理，也可以简称为<34>勾股定理和<68>勾股定理。

根据数字谐音编码方法，<9>可以记忆为“酒”，<16>为“杨柳”，<25>为“二胡”。因此，三四五勾股定理 9+16=25 可以形象地记忆为“酒醉杨柳闻二胡”。

因为 16=8+8=9+7，所以 9+16=9+8+8=9+9+7=25。于是，我们可以将三四五勾股定理变化为<889>（呱呱叫）与<799>（气球球）。

另外，由于 9=3+3+3，16=4+4+4+4，所以三四五勾股定理可以变化成<3334444>（三个 3 与四个 4）。

我们来看一些应用。

例如，数字串 944443 中的所有数字之和为 25+3=28，这里用到勾股定理之<889>（呱呱叫）公式，可以将心算过程表示为：

<944443>→<988, 3>→25+3→28

又如，数字串 889889 中的数字之和显然等于 25+25=50，这里两次运用<889>（呱呱叫）公式，可以将心算过程表示为：

<889889>→<889, 889>→25+25→50

再如，数字串 799889799 中的所有数字之和显然等于 25+25+25=75，这里三次运用勾股定理，其中<889>（呱呱叫）公式运用了一次，<799>（气球球）公式运用了两次。该心算过程可以表示为：

<799889799>→<799, 889, 799>→25+25+25→75

最后看一个稍微复杂一点的例子。求数字串 89932417996789 中的所有数字之和，心算过程如下：

<89932417996789>→<799, 1324, 1, 799, 6789>
→<799, 1234, 799, 6789, 1>→25+10+25+30+1=91

其中，除了用到<799>公式之外，还用到了<1234>公式与<6789>公式。

下面分析六八十勾股定理：$6^2+8^2=10^2$，即 36+64=100。也就是说六个 6 与八个 8 之和为 100，我们可以得到公式<66666688888888>=100，将其减半，得到三个 6 与四个 8 之和为 50，即<6668888>=50。

由于 64=32+32，六八十勾股定理可以变化为 36+32+32=100。这里是四个 9 加上四个 8，再加上四个 8。简言之，就是四个<889>（呱呱叫）。根据呱呱叫公式，<889>=25。四个 25 的和当然等于 100。因此，六八十勾股定理的一个变种是四次<889>（呱呱叫）。

根据气球球公式，<799>=25。而四个 25 的和等于 100，因此，四个<799>的和也是 100，由此我们得到六八十勾股定理的又一个变种：四次<799>（气球球）。

我们来看六八十勾股定理的一些应用。

例如，数字串 68686868686898 中的所有数字之和为 101，这是因为：

<68686868686898>→<686868, 686868, 98>
→<686868, 686868, 88, 1>→101

这里用到了六个 6 与八个 8，也就是用到了六八十勾股定理。例如，数字串 8888999988993 中的所有数字之和为 105，这是因为：

<8888999988993>→<8888, 9999, 8888, 113>→105

这里用到了四个<898>，也就是四次<889>。

例如，数字串 99997777999966 中的所有数字之和为 112，这是因为：

<99997777999966>→<9999, 7777, 9999, 66>→112

这里用到了四次<799>公式。

本节要点就是掌握勾股定理及其变种。

三四五勾股定理	<3334444>（三个 3 与四个 4）
	<889>（呱呱叫）
	<799>（气球球）
六八十勾股定理	<66688886668888>（六个 6 与八个 8）
	四次<889>（呱呱叫）
	四次<799>（气球球）

你是否熟练地掌握了勾股定理呢？可以通过以下练习题来自查。注意，只能口算，不可以使用任何计算工具，要求又快又准。

练习题

口算下列数字串中的所有数字之和：

（1）8449；

（2）8984；

（3）899；

（4）9795；

（5）998997；

（6）889888；

（7）799889；

（8）8997998895；

（9）9979968893；

（10）888999888799；

（11）7998998898993422；

（12）8997996996789785。

练习题答案：（1）25；（2）29；（3）26；（4）30；（5）51；（6）49；（7）50；（8）81；（9）77；（10）100；（11）113；（12）125。你算对了吗？用时多少？

第 8 节　世纪之和

前面探讨了许许多多求和公式，那么如何综合运用它们呢？这里就有一个章法问题。本节讨论众多数字加法口算的整体框架问题，特别是看看如何求得总和 100 的整体构思。因为 100 年是一个世纪，所以我们将和为 100 的加法称为世纪之和。我们来研究如何综合运用前面讲的各种公式来获得世纪之和。

将<3322>公式（3+3+2+2=10）扩大 10 倍，我们立即得到 30+30+20+20=100，这是一个世纪之和。由此看到，要得到世纪之和，可以在十位上运用以前介绍的幼学公式。在刚才的例子中，我们在十位上运用<3322>公式。同理，我们也可以在十位上运用其他幼学公式，比如<1234>公式、<1414>公式等。

选择在十位上运用幼学公式之后，接着只需按照公式的指引，在个位上依次运用相应的求和公式。假如选择在十位上运用<3322>公式，这就意味着我们将在个位上使用而立公式和弱冠公式各两次。例如，数字串 67898886893787 中的所有数字之和为 102，这是因为：

<67898886893787>→<6789, 8886, 893, 785, 2>

→30+30+20+20+2=102

其中用到了<6789>公式、<8886>公式、<893>公式和<785>公式，整体运用了<3322>公式。因为<3322>=<334>，所以我们也可以考虑在整体上运用<334>公式，即在个位上运用两次而立公式与一次不惑公式。据此，刚才的例子也可以按以下过程进行心算：

<67898886893787>→<6789, 8886, 78889, 2>

→30+30+40+2=102

如果我们考虑在整体上运用<3331>公式，那么在局部上就要三次运用而立公式，一次运用幼学公式。据此，刚才的例子也可以按以下过程进行心算：

<67898886893787>→<6789, 8886, 8787, 91, 2>

→30+30+30+10+2=102

我们还可以在整体上运用勾股定理。因为 36+64=100，所以我们可以在整体上运用一次六八勾股定理。又因为 25+25+25+25=100，所以我们也可以连续三次运用三四五勾股定理或五指五中公式，以获得四个 25。例如，666888899888836 中的所有数字之和为 109，这是因为根据六个 6 与八个 8 公式可得：

<666888899888836>→<66699, 88888888, 36>

→<666666, 88888888, 36>→100+9=109

55555889799445667 中的所有数字之和为 107，这是因为：

<55555889799445667>→<55555, 889, 799, 44566, 7>

→25+25+25+25+7=107

其中用到了五指公式、呱呱叫公式和气球球公式。

世纪求和的核心思想是按照和为 100 进行整体构思，即使我们所求之和不足 100，也能在 100 的框架之内知道所求之和大概处于什么位置。如果两次运用三四五勾股定理，我们就知道和为 25+25=50，这是 100 的一半；如果三次运用三四五勾股定理，我们就知道和为 25+25+25=75，离 100 还缺少 25；如果两次运用而立公式，一次运用弱冠公式，我们就知道和为 30+30+20=80，离 100 还差 20……这里我们仅举一个例子来说明问题。88934567999 中的所有数字之和为 77，这是因为：

<88934567999>→<889, 34567, 889, 11>→25+25+25+2=75+2=77

其中，我们两次运用三五四次勾股定理，一次运用五指五中公式，从而得到三个 25，也就是 75。

我们将**世纪之和**的整体设计方法总结为：

十位上的幼学公式	例如 10+20+30+40=100，30+30+20+20=100，30+30+30+10=100，30+30+40=100
勾股定理	注意 36+64=100，25+25+25+25=100，<889>=25，<55555>=25，<799>=25
其他设计	例如 25+25+25=75

练习题

口算下列数字串中的所有数字之和：

（1）8997998895；

（2）9979968893；

（3）88888888666666788；

（4）86868686868689；

（5）9797979799995；

（6）979979979979668 5；

（7）8989898988887；

（8）8988988988989746；

（9）9979979979982348；

（10）888888886666699937；

（11）123798567665456688985 5；

（12）9934889688997445336688944。

练习题答案：（1）81；（2）77；（3）123；（4）101；（5）105；（6）125；

（7）107；（8）126；（9）118；（10）137；（11）129；（12）161。你算对了吗？用时多少？

第 9 节 对称法求和

第 5 节所介绍的五指公式针对的是长度为 5 的对称数字串求和。现在，我们考虑任意长度的对称数字串求和。对称总是给人以美感，而数字串的对称性使得求和方法变得十分美妙。

首先要善于识别对称数字串。我们可以将数字串中的数字按照从小到大的顺序进行排列，然后观察数字增大与减小的幅度是否对称。例如，数字串 7345531 可以重新排列为 1334557。从左往右看，数字从 1 到 3 增大了 2；对称地，从右往左看，数字从 7 到 5 减小了 2。类似地，从 3 到 3 没有变化；对称地，从 5 到 5 也没有变化。从 3 到 4 增大了 1；对称地，从 5 到 4 减小了 1。综上所述，数字串 1334557 是一个对称数字串。相应地，该数字串的任意重新排列（比如 7345531）也叫作对称数字串。

上述数字串的长度为 7，这是一个奇数。此时，该数字串的中位数恰好为正中间的那个数 4，因此该数字串中所有数字的总和为 4×7=28。接下来，我们在上述数字串中删除中位数 4，得到 133557。这仍然是一个对称数字串，但是此时数字串的长度为偶数。中间的两个数为 3 和 5，也称为该数字串的中位数。这两个中位数 3 和 5 的平均数为 4，这也是整个数字串的平均数。因此，数字串 133557 中的所有数字之和为 4×6=24。综上所述，对称数字串中的所有数字之和等于中位数或者平均数乘以数字串的长度。这就是用对称法求和。

对于任意的非对称数字串，可以通过适当的变化得到与之最接近的对称数字串，从而运用对称法求和。例如，1334558 不是对称数字串，但 1334557 是对称数字串，因此，我们可以利用后者来计算前者：

<1334558>→<13345571>→4×7+1→29

即 1334558 中的所有数字之和为 29。

下面看一个稍微复杂一点的例子。为了求数字串 9478342656 中的 10 个数字之和，可以先按从大到小的顺序读出 5 个数字 98766，再按从小到大的顺序读出剩余的 5 个数字 23445。我们很容易看出所给数字串不是对称数字串。为了得到一个与之最接近的对称数字串，我们可以将数字串 23445 改写为 23455，而<23455>比<23445>大 1。由于对称数字串 9876655432 的中位数为 5 和 6，它们的平均数为 $(5+6)\div 2=5.5$，因此该数字串的和为 $5.5\times 10=55$。因此，原数字串 9478342656 中的所有数字之和为 $55-1=54$。

本节要点为用对称法求和，可分为以下两种情况：

对称数列之和＝中位数或者平均数×长度
非对称数列→对称化→对称数列之和→原数列之和

你是否熟练地掌握了该方法呢？可以通过以下练习题来自查。注意，只能口算，不可以使用任何计算工具，要求又快又准。

练习题

口算下列数字串中的所有数字之和：

（1）6456768；

（2）13152433425；

（3）52344187；

（4）65563478；

（5）3434697692；

（6）6533456688；

（7）4956686777；

（8）2234455677；

（9）4488576；

（10）8533994884；

（11）6772323629；

（12）4873369659。

练习题答案：（1）42；（2）33；（3）34；（4）44；（5）53；（6）54；（7）65；（8）45；（9）42；（10）61；（11）47；（12）60。你算对了吗？用时多少？

第10节　众多数字的加减法速算

本节讨论众多数字的加减法混合运算的速算方法。其实，只要掌握了前面的各种速算方法，问题就会变得比较简单。

既然是混合运算，就既有加法也有减法。我们可以采用正负项分别求和的方法，即把要做加法的数字相加，从而得到一个和；把要做减法的数字也相加，又得到一个和；将上述两个和相减，就可以得到最终答案。例如，$7-6-5+8+9-7-8+6+9=(7+8+9+6+9)-(6+5+7+8)=39-26=13$。

以上是一种混合运算方法，下面还有一种化减为加的方法，也就是利用补数将减法全部转化成加法，以完成混合运算。例如，6与4互为补数，故$6+4=10$。因此，减去6就是减去10再加上4。可见，为了减去6，可以在十位上减去1，同时在个位上加上4。一般地，我们得到：

减去一个（个位）数，等于加上其补数，同时十位退1

依照这个原理，可以将所有的减法都转化成加法。例如，上面的例子可以重新按以下方法进行计算：

$$7-6-5+8+9-7-8+6+9=7+4+5+8+9+3+2+6+9-40=53-40=13。$$

在加法占优（也就是减号比较少）的混合运算中，也可以在适当的时候直接计算各个减法算式。例如：

$$9-8+2+3+6+7-2+5+4=1+2+3+6+7-2+5+4$$
$$=1+2+3+4+6+7-2+5=10+6+5+5=26。$$

最后，我们再举一个稍微复杂一点的例子。口算下列加减混合算式：$6-9-2+8-3+8+9-1-4+3-8+3+7+5+8-3+8+8-5+4$。我们采用正负项分别求和后再求差的方法，得到最终结果为 42，计算过程如下：

正项求和	<688933758884> → <6889, 33758884> → <6789, 43758884> → <6789, 7788, 584> → <6789, 7788, 55, 34> → 77
负项求和	<92314835> → <2314, 983, 5> → 35
求差	77 − 35 = 42

本节要点可以归纳为加减混合算式的如下速算方法。

方法一	正负项分别求和
方法二	利用补数将减法转化成加法
方法三	直接相减

你是否熟练地掌握了这些方法呢？可以通过以下练习题来自查。注意，只能口算，不可以使用任何计算工具，要求又快又准。

练习题

口算下列加减法混合算式：

（1）$9-3-2+9+9-1+3-4$；

（2）$6-7+9+1+2+8-3+7+5+3$；

（3）$5-6-6+3+9+1+2+9+5+7$；

（4）$7+9-8+6+8-7+3+4+8-5$；

（5）$6+2-3+6+8-2+3-4-1+3$；

（6）$3-4-4-1+9+6-2+3+3+8$；

（7）9+5−6+9+1+2+9−8+3+5−7+2+6+6−9；

（8）2+3+4−8+9+1−7+2+9−8+3+2+6+5−8；

（9）6+7−9+3+3+5+8−7+8+8−6+4−2−2+8−6+8+7−5−4；

（10）4+2−8−3+9+7−9+3+9+5+9−3+8+8−6+5+7−2+8−3；

（11）9+8−7+9+4+5−6+4+2+3−1+8−7+6−6+4+4+7+8−7+7；

（12）2+3−2−3−5−6+7+8+5+5+8+8−9+9−8−7+6+6−5−8+3+1。

练习题答案：（1）20；（2）31；（3）29；（4）25；（5）18；（6）21；（7）27；（8）15；（9）34；（10）50；（11）54；（12）18。你算对了吗？用时多少？

第 11 节　多位数加减混合速算综合演练

当我们学会了众多一位数的加减法混合速算的时候，多位数的加减法混合速算就变得十分容易，因为只要逐位进行一位数的加减法运算就可以了。

先看一个简单的例子。为了计算 286+167+568+459−182，我们可以依次在各个数位上进行加减法混合运算。在个位上，6+7+8+9−2=30−2=28。此时得到最终结果的个位数是 8，并临时进位 2 到十位，这是十位上计算的起点。在十位上，2+8+6+6+5−8=20−1=19。此时得到最终结果的十位数是 9，并进位 1 到百位，这是百位上计算的起点。在百位上，1+2+1+5+4−1=2+1+5+4=12。此时得到最终结果的百位数是 2，进位 1 到千位上。由于千位上没有其他数字，故千位上的最终结果就是 1。综上所述，我们得到 286+167+568+459−182=1298。可以将刚才的心算过程写成如下竖式：

$$
\begin{array}{r}
2\ 8\ 6 \\
1\ 6\ 7 \\
5\ 6\ 8 \\
4\ 5\ 9 \\
-\ 1\ 8\ 2 \\
\hline
1\ 2\ \\
\hdashline
1\ 2\ 9\ 8
\end{array}
$$

注意，由于是心算，计算过程中出现的进位（即虚实两条线之间的数字 1 和 2）实际上是不需要写出来的。

我们来口算本章开头提到的中日速算对决中的那道 15 个三位数加减的混合算式 752+149+385+751−492+936+358+861−573+729+148+782+514+167+623。首先，个位数字串是 2951(−2)681(−3)982473。读前 5 个数字，由于 2−2=0，我们有<2951(−2)>→<951>→<96>。接着往下读数，得到<96681>→<9687>，对此运用<6789>公式，刚好得到 30。后面还剩下数字串(−3)982473，其中−3 与 3 刚好相互抵消，因此<(−3)982473>→<98247>→<9867>。再次运用<6789>公式，又得到一个 30。因此，个位数字的总和等于 30+30=60。故个位上的数字是 0，进位 6 到十位，后者是十位上计算的起点。

十位数字串（包括计算个位时的进位）现在是 65485(−9)356(−7)248162。读前 6 个数 65485(−9)，由于 5+4−9=0，我们得到<65485(−9)>→<685>。继续往下读数并计算，得到<685356(−7)>→<6885(−1)>→<6884>。再继续读数，得到<6884248>→<6888424>→<8886424>。根据<8886>公式，<8886>等于 30，记住 30。继续读数并计算，得到<424162>→<4672>→19。加上前面的 30，得到十位数字的总和为 49。可见，最终结果的十位上的数字等于 9，同时进位 4 到百位上，这是百位上计算的起点。百位数字串（包括计算十位时的进位）为 47137(−4)938(−5)717516。读前 5 个数字，由于 4−4=0，我们得到<47137(−4)>→<7137>→<837>。接着往下读数并计算，得到<837938(−5)>→<87963>。根据<6789>公式，<6798>=30。从 3 开始继续读数并计算，可得<3717516>→<378516>→<678135>→<6789>→30，其中用到了<6789>公式。因此，百位上的数字的总和为 30+30=60。故最终结果的百位数等于 0，千位数等于 6。综上所述，我们得到最终答案是 6090。可以将刚才的心算过程写成如下竖式，其中实线与虚线之间的数字表示临时进位，最后一行是最终结果。

$$
\begin{array}{cccc}
 & 7 & 5 & 2 \\
 & 1 & 4 & 9 \\
 & 3 & 8 & 5 \\
 & 7 & 5 & 1 \\
- & 4 & 9 & 2 \\
 & 9 & 3 & 6 \\
 & 3 & 5 & 8 \\
 & 8 & 6 & 1 \\
- & 5 & 7 & 3 \\
 & 7 & 2 & 9 \\
 & 1 & 4 & 8 \\
 & 7 & 8 & 2 \\
 & 5 & 1 & 4 \\
 & 1 & 6 & 7 \\
 & 6 & 2 & 3 \\
\hline
6 & 4 & 6 & \\
\hdashline
6 & 0 & 9 & 0
\end{array}
$$

我们将多位数加减混合运算的心算过程总结为：

第一步	对个位上的所有数字做加减混合运算，保留结果的个位数作为最终答案的个位数
第二步	从上一步的进位开始，对十位上的所有数字做加减混合运算，保留结果的个位数作为最终答案的十位数
第三步	从上一步的进位开始，对百位上的所有数字做加减混合运算，保留结果的个位数作为最终答案的百位数
……	以此类推

你是否熟练地掌握了上述方法呢？可以通过以下练习题来自查。注意，只能口算，不可以使用任何计算工具，要求又快又准。

练习题

一、口算下列多位数加减法混合算式：

（1）679+687−854；

（2）536+678+239−345+788；

（3）469−266+432+889−415；

（4）869+869−799+793−465+678；

（5）569+964+234+878+889−238−652；

（6）693+978+778+887+779−297+778−886+988+678；

（7）235+419−345+746+836+987+749+864−283+972+672+483；

（8）861+782−974+743−846+716+938−747+827+757−629−246；

（9）1234+3888+4888+6888+6789+7654+2365+4578；

（10）6278−3217+3978+4583+6893−4745+6788+7654−4531+9876；

（11）623+567−728+387+259−263+674+356−278+857+324+638−543+625−356+834；

（12）123+456−789+987+654−321+344+783−322+357+222+468−793+818+321−379+764+433+278−289。

二、口算下列加法算式：

712+945+187+423+359+837+985+374+581+623+259+612+743+271+754，此为《最强大脑》第 4 季中日速算对决抢答题的第 7 题。

练习题答案：一、（1）512；（2）1896；（3）1109；（4）1945；（5）2644；（6）5376；（7）6335；（8）2182；（9）38284；（10）33557；（11）3976；（12）4115。二、8665。你算对了吗？每道题用时多少？

第2章 乘法一口清

说到速算达人，不能不提我们中国的史丰收教授，他是史丰收速算法的发明人，真正的世界级速算达人。

史丰收出生于陕西省农村，自幼就被誉为“速算神童”，从少年时代开始钻研速算。虽然历经被推荐上北京大学而最终未能如愿、高考失利、从省城回乡务农等种种坎坷，但他仍然矢志不渝、持之以恒，刻苦钻研速算方法。由于家庭贫困买不起纸和笔，他便在墙壁和地上演算，甚至在被单和身体上写满数字，经常废寝忘食。有一次，他竟然在母亲给他吃的馍上写满数字。勤奋加上天赋，终于造就了一代速算大师。

1978 年，史丰收被破格录取进入中国科学技术大学数学系学习。1979 年，他出版了自己的第一部专著《快速计算法》，该书先后发行 2000 多万册。1979 年 9 月，中央电视台特邀他举办《快速计算法》电视讲座，在全国引起轰动，使得他闻名遐迩，成为当时全国青少年崇拜的偶像。史丰收速算法是一种不用计算工具、不列运算程序、从高位算起、一口报出正确答案的算术快速计算方法，1990 年由我国正式命名，已在美国、加拿大、新加坡、马来西亚等国家得到广泛的推广和传播，现已编入我国九年制义务教育教材《现代小学数学》（科学出版社）和马来西亚国家正规教材。

史丰收不仅仅是速算理论家，其本人就是速算达人、速算天才。速算中的所谓一口清是指看到题目随即一口气直接说出答案。史丰收对于两个多位数的乘积都能做到一口清，其计算速度甚至比计算器还快。对于一位数乘多位数的乘法，他自然不在话下。乘数为一位数的乘法口算不仅实用，而且是多位数乘法速算的基础。

无论加法或乘法，从道理上讲，从低位算起和从高位算起没有本质上的不同，只不过起点和过程不同，而且只有算出所有的数位才算真正完成运算。从这个意义上讲，那些电视速算表演者开始报数或者开始写答案的时候，其实他们还没有完成整个运算，而且他们将记忆完整答案的负担交给了纸笔或者观众。如果从低位算起，对于任意多位数乘以一位数的乘法，只要按照传统的乘法方法进行计算（运用乘法口诀逐位相乘，在出现进位的情况下直接进位）就可以了。但是如果要从高位算起的话，那么就要考虑提前进位的方法。史丰收的乘法速算方法从高位算起，主要用到 26 句进位口诀，这些口诀本质上是通过计算分数得到的。

我们在本章中介绍一位数乘多位数的一口清速算方法，有些用到了史丰收速算法，有些则是另辟蹊径。

第 1 节　乘数为 2 时的一口清速算法

黄河为中国第二大河，全长为 5464 公里。请问，黄河全长为多少里？这就需要计算 5464×2，你能快速心算并随口说出正确答案吗？我们采用史丰收速算法解答该题，该方法从高位算起，可以实现乘数为 2 的一口清速算。

在被乘数 5464 前面补充一个 0，得到 05464。从高位算起，$0\times2=0$，但是注意 0 的后面是 5，因此要进位 1，故乘积的万位数为 $0+1=1$。接下来看千位数，$5\times2=10$，因为进位已经提前考虑过了，所以只需保留结果的个位数 0。同时，观察被乘数的下一位，发现是 4，不足 5，因此无须进位，或者说进位为 0，故乘积的千位数为 $0+0=0$。接下来看百位数，$4\times2=8$。同时，观察被乘数的下一位，发现是 6，超过了 5，因此需要进位 1，故乘积的百位数为 $8+1=9$。接下来看十位数，$6\times2=12$，取个位数 2。同时，观察被乘数的下一位，发现是 4，不足 5，因此无须进位，或者说进位为 0，故乘积的十位数为 2+0=2。最后看个位数，4×2=8。个位数的后面已经没有数字了，或者说后面是 0，当然不会产生进位，或者说进位为 0，故乘积的个位数为 8+0=8。综上所述，5464×2=10928，也就是说黄河全长为 10928 里。

这个简单的例子展示了一种乘数为 2 的一口清速算方法，那就是从被乘数的最高位算起，每一位数乘以 2 后取结果的个位数（叫作本个），再加上后面的进位（叫作后进），然后取和的个位数，得到乘积在该数位上的结果（叫作位积），也就是说：

位积=（本个+后进）取个位

后进的计算方法是看被乘数的下一位，若下一位满 5，也就是达到或者超过 5，则进位 1；否则，不进位。进位口诀可以写成：

满 5 进 1

为什么是这样呢？这是因为 1÷2=0.5。

再看一个稍微复杂一点的例子。为了计算乘积 83456789×2，我们在被乘数的最前面补充一个 0，将其变成 083456789，然后乘以 2，从高位算起，列表计算如下。

被乘数	0	8	3	4	5	6	7	8	9
本个	0	6	6	8	0	2	4	6	8
后进	1	0	0	1	1	1	1	1	0
位积	1	6	6	9	1	3	5	7	8

一列一列往后读，被乘数的最高位是 0，乘以 2，得到本个 0，后进是 1（因为下一位 8 满 5），位积等于 0+1=1；被乘数的次高位是 8，乘以 2，得到本个 6（因为 2×8=16），后进是 0（因为下一位 3 不足 5），位积等于 6+0=6；被乘数接下来的数位是 3，本个为 6，后进为 0（因为后面数位上的 4 不足 5），位积 6+0=6；被乘数接下来的数位是 4，本个为 8，后进为 1（因为后面数位上的数是 5）……被乘数的个位是 9，乘以 2，得到本个 8（因为 2×9=18），后进是 0（因为没有下一位了，也可以说下一位是 0，没有进位）。由此得到乘积的最终结果，也就是上述表格的最后一行所给出的数 166913578，即 83456789×2=166913578。

上述表格和说明都只是在介绍算法，在实际口算时是不需要写出来的，只要心算就可以了。

本节要点可以总结为乘数为 2 时的一口清速算法：

在被乘数的最高位之前补充一个 0，从高位算起
（被乘数各位×2）取个位=本个
为了计算后进，看被乘数当前位的后一位，满 5 进 1
（本个+后进）取个位=位积

只要进行适量的练习，就可以熟练地掌握乘数为 2 时的上述一口清速算法。注意，在做下列练习题时，只允许口算，不可以使用任何计算工具，否则收不到应有的效果。

练习题

口算下列乘积：

（1）98×2；

（2）585×2；

（3）675×2；

（4）8746×2；

（5）8457×2；

（6）96453×2；

（7）298631×2；

（8）4601746×2；

（9）1789927×2；

（10）65435942×2；

（11）454829755×2；

（12）9876543219×2。

练习题答案：（1）196；（2）1170；（3）1350；（4）17492；（5）16914；（6）192906；（7）597262；（8）9203492；（9）3579854；（10）130871884；（11）909659510；（12）19753086438。你算对了吗？用时多少？

第2节　乘数为3时的一口清速算法

作为大都市上海的标志性建筑，东方明珠（广播电视塔）的高度是486米。由于1米=3尺，东方明珠塔的高度等于1458尺。因为这里的数据比较简单，一般人都能够口算出486×3。假如被乘数变得复杂一点，例如改为234567，你还能口算出它与3的乘积吗？乘数为3时的一口清速算法要求对于像234567×3这样的乘法算式，能够见题出答案，即看到题目就一口气直接报出答案。本节还是采用史丰收速算法。

乘数为3时的一口清速算法与乘数为2时的一口清速算法类似，也是从高位算起，逐位报出答案，所不同的仅仅是进位口诀不同。

为了了解3乘以多少需要进位1，我们用3来除1，看看能得到什么。$1\div3=0.333\cdots$，是一个无限循环小数，我们将其记为$0.\dot{3}$。我们由此知道$0.\dot{3}\times3=1$，也就是说当满$0.\dot{3}$时就需要进位1。进一步，$0.666\cdots$也是一个循环小数，记为$0.\dot{6}$。因为$0.\dot{3}+0.\dot{3}=0.\dot{6}$，所以，满$0.\dot{6}$时就需要进位2。

我们可以给出乘数为3时的一口清速算法，那就是从被乘数的最高位算起，每一位数乘以3后取结果的个位数（叫作本个），再加上后面的进位（叫作后进），然后取和的个位数，便得到乘积在该位置上的数（叫作位积），也就是说：

位积=（本个+后进）取个位

后进的计算方法是看被乘数中当前位后面的所有数，若满$\dot{3}$，则进位1；若满$\dot{6}$，则进位2；其他情况下不进位。进位口诀可以写成：

满$\dot{3}$进1，满$\dot{6}$进2

现在我们可以利用上述方法解答本节开头提出的问题，即口算乘积 234567×3。

首先在被乘数的前面补上一个 0，得到 0234567，然后从高位开始计算。被乘数的最高位为 0，乘以 3 还是 0，取个位数还是 0，我们说此时的本个为 0。观察被乘数最高位 0 以后的数 234567，它不足 333333，如果将它看作小数，就是 0.234567，小于 0.3333333，所以不需要进位，或者说后进为 0。本个+后进=0+0=0，取其个位还是 0，因此此时的位积为 0，也就是说乘积的最高位为 0。

接着看被乘数的次高位 2，将它乘以 3 得 6，取个位数还是 6，即本个为 6。观察被乘数中 2 以后的数 34567，它介于 33333 与 66666 之间，如果将它看作小数，就是 0.34567 介于 $0.\dot{3}$ 与 $0.\dot{6}$ 之间，因此需要进位 1，或者说此时的后进为 1。本个+后进=6+1=7，取其个位还是 7，因此此时的位积为 7，即乘积的次高位为 7。

再看被乘数的下一位 3，将它乘以 3 得 9，取个位数还是 9，即本个为 9。观察被乘数中 3 以后的数 4567，如果将它看作小数 0.4567，则它介于 $0.\dot{3}$ 与 $0.\dot{6}$ 之间，因此需要进位 1，或者说此时的后进为 1。本个+后进=9+1=10，取其个位得到 0，因此此时的位积为 0，也就是说乘积相应数位上的数等于 0。为什么位积只取本个与后进之和的个位数呢？这是因为在计算乘积的前一位时已经考虑过后进了，所以不需要重复考虑进位。

…………

用被乘数的十位数 6 乘以 3 得到 18，取其个位得到 8，即本个为 8。观察被乘数中 6 以后的数 7，如果将它看作小数 0.7，那么它就超过了 $0.\dot{6}$，因此需要进位 2，或者说此时的后进为 2。本个+后进=8+2=10，取其个位得到 0，因此此时的位积为 0，也就是说乘积的十位数等于 0。

最后看个位数 7，将它乘以 3 得到 21，取其个位得到 1，即本个为 1。个位数后面再没有别的数了，或者说后面是 0，当然不需要进位，或者说此时的后进为 0。本个+后进=1+0=1，取其个位得到 1，因此此时的位积为 1，也就是说乘积的个位等于 1。

综上所述，234567×3=0703701=703701。为清晰起见，我们将上面的计算过程列在下表中。

被乘数	0	2	3	4	5	6	7
本个	0	6	9	2	5	8	1
后进	0	1	1	1	2	2	0
位积	0	7	0	3	7	0	1

上述计算过程实际上可以在心中完成，在熟练之后就可以达到一口清的程度。

本节要点可以总结为乘数为 3 时的一口清速算法：

在被乘数的最前面补充一个 0，从高位算起
（被乘数各位×3）取个位=本个
为了计算后进，看被乘数当前位后面的所有数
满 $\dot{3}$ 进 1，满 $\dot{6}$ 进 2
（本个+后进）取个位=位积

要熟练地掌握乘数为 3 时的一口清速算法，必须进行大量的练习。注意，只能口算，不可以使用任何计算工具。

练习题

口算下列乘积：

（1）98×3；

（2）585×3；

（3）675×3；

（4）8746×3；

（5）8457×3；

（6）96453×3；

（7）298631×3；

（8）4601746×3；

（9）1789927×3；

（10）65435942×3；

（11）454829755×3；

（12）9876543219×3。

练习题答案：（1）294；（2）1755；（3）2025；（4）26238；（5）25371；（6）289359；（7）895893；（8）13805238；（9）5369781；（10）196307826；（11）1364489265；（12）29629629657。你算对了吗？用时多少？

第 3 节　乘数为 4 时的一口清速算法

在埃及首都开罗郊外的吉萨，有一座举世闻名的胡夫金字塔。作为人造建筑的世界七大奇迹之一，胡夫金字塔是世界上最大的金字塔，其底座呈正方形，边长为 230 米。显然，胡夫金字塔底座的周长为 230×4=920 米。由于这里的乘数比较简单，一般人都可以口算出乘积。但是，如果被乘数是复杂一点的多位数，比如 378954，那么你还能够口算出它与 4 的乘积吗？所谓乘数为 4 时的一口清速算法，就是要求对于诸如 378954×4 这样的乘法算式，能够见题出答案。本节还是采用史丰收速算法。

为了了解 4 乘以多少时需要进位 1，我们用 4 来除 1，看看能得到什么。1÷4=0.25，我们由此知道 0.25×4=1，也就是说当满 0.25 时就需要进位 1。进一步，因为 0.25+0.25=0.5，所以满 0.50 时就需要进位 2；因为 0.25+0.25+0.25=0.75，所以满 0.75 时就需要进位 3。

我们可以给出乘数为 4 时的一口清速算法。首先在被乘数的最高位前面补充一个 0，然后从这个 0 开始，由左往右进行计算，每一位数乘以 4 后取结果的个位数（叫作本个），再加上后面的进位（叫作后进），然后取和的个位数，得到乘积在该位上的数（叫作位积），即：

位积=（本个+后进）取个位

后进的计算方法是看被乘数中当前位后面的两位数，若满 25，则进 1；若满

50，则进 2；若满 75，则进 3；其他情况下不进位。进位口诀可以写成：

满 25 进 1，满 50 进 2，满 75 进 3

现在我们可以利用上述方法来解答本节开头所提出的问题，即口算乘积 378954×4。

首先在被乘数的前面补上一个 0，得到 0378954，然后从高位开始往低位逐位进行计算。被乘数的最高位为 0，乘以 4 也是 0，取个位还是 0，我们说此时的本个为 0。观察被乘数最高位 0 以后的两位数 37，它大于 25，但是小于 50，如果将它看作小数，则 0.37 介于 0.25 与 0.50 之间，因此需要进位 1，或者说后进为 1。本个+后进=0+1=1，取其个位还是 1，因此此时的位积为 1，也就是说乘积的最高位为 1。

接着看被乘数的次高位 3，将它乘以 4 得 12，取个位数 2，得到本个为 2。观察被乘数中 3 以后的两位数 78，它大于 75，如果将它看作小数，则 0.78 大于 0.75，因此需要进位 3，或者说此时的后进为 3。本个+后进=2+3=5，取其个位还是 5，因此此时的位积为 5，也就是说乘积的次高位为 5。

再看被乘数的下一位 7，将它乘以 4 得 28，取个位数 8，即本个为 8。观察被乘数中 7 以后的两位数 89，它大于 75，如果将它看作小数，则 0.89 大于 0.75，因此需要进位 3，或者说此时的后进为 3。本个+后进=8+3=11，取其个位得到 1，因此此时的位积为 1，也就是说乘积相应数位上的数等于 1。为什么位积只要取本个与后进之和的个位数呢？这是因为在计算乘积的前一位时已经考虑过后进了，因此不需要重复考虑进位。

…………

被乘数的十位为 5，将它乘以 4 得 20，取其个位便得到 0，即本个为 0。观察被乘数中 5 以后的两位数，此时我们只看到 4，可以在后面补充一个 0，得到 40，它大于 25，但是小于 50。如果将 40 看作小数，则 0.40 介于 0.25 与 0.50 之间，因此需要进位 1，或者说后进为 1。本个+后进=0+1=1，其个位是 1，因此此时的位积为 1，也就是说乘积的十位等于 1。

最后看个位上的 4，将它乘以 4 得 16，取其个位得到 6，即本个为 6。个位后面再没有别的数了，或者说它的后面是 00，当然不需要进位，或者说此时的后进为 0。本个+后进=6+0=6，其个位还是 6，因此此时的位积为 6，也就是说乘积的个位等于 6。

综上所述，378954×4=1515816。为清晰起见，我们将上面的计算过程列在下表中。

被乘数	0	3	7	8	9	5	4
本个	0	2	8	2	6	0	6
后进	1	3	3	3	2	1	0
位积	1	5	1	5	8	1	6

上述计算过程实际上可以在心中完成，在熟练之后就可以达到一口清的程度。

本节要点可以总结为乘数为 4 时的一口清速算法：

在被乘数的最高位前补充一个 0，从高位算起
（被乘数各位×4）取个位=本个
为了计算后进，观察被乘数当前位后面的两位数
满 25 进 1，满 50 进 2，满 75 进 3
（本个+后进）取个位=位积

大家可以通过以下练习题来熟悉乘数为 4 时的一口清速算法。注意，只能口算，不可以使用任何计算工具。

练习题

口算下列乘积：

（1）562×4；

（2）938×4；

（3）6375×4；

（4）8746×4；

（5）84537×4；

（6）79623×4；

（7）898236×4；

（8）4688741×4；

（9）1789924×4；

（10）35435949×4；

（11）774829756×4；

（12）9876543292×4。

练习题答案：（1）2248；（2）3752；（3）25500；（4）34984；（5）338148；（6）318492；（7）3592944；（8）18754964；（9）7159696；（10）141743796；（11）3099319024；（12）39506173168。你算对了吗？用时多少？

第 4 节　乘数为 5 时的一口清速算法

某超市的会员可以享受九五折优惠价格。假如某会员在 10 年内购买了该超市总计 46700 元的商品，那么她购买这些商品所享受的优惠总计为多少元？你能够口算出答案吗？由于 46700×0.05=467×5，这实际上就是要求口算 467×5。所谓乘数为 5 时的一口清速算法，就是对于任意多位数与 5 的乘法算式，能够见题出答案。当然可以用史丰收速算法来实现乘数为 5 时的一口清速算，但是本节采用除法来做乘数为 5 时的乘法口算，后者更加简单有效。

以 467×5 为例。因为 5=10÷2，所以 467×5=467×10÷2=4670÷2=2335。也就是说，上述会员所享受的优惠实际上为 2335 元。

由上述例子的计算可见，任意多位数乘以 5 就是在被乘数后面补充一个 0，然后折半（即除以 2）。简言之，有：

乘以 5，补 0 折半

下面再举一个例子，12345678×5=123456780÷2=61728390，具体心算过程如下。

被乘数的各位数	除以 2 的商	余数
1	0	1
12	6	0
3	1	1
14	7	0
5	2	1
16	8	0
7	3	1
18	9	0
0	0	0

表中第二列从高位到低位依次给出了答案的各位数字。我们看到，当出现余数 1 的时候，可以将余数 1 与被乘数的下一位数字连缀成两位数继续除以 2。这意味着什么呢？这相当于我们在读被乘数的各位数的时候，可以将其全部读成偶数，如果是奇数，那么就留出 1 与下一位一起读。例如，上例中的 123456780 可以读成(12, 2, 14, 4, 16, 6, 18, 0)。这样一来，折半（除以 2）就很简单，可以立即得到(6, 1, 7, 2, 8, 3, 9, 0)，即得到答案 61728390。

本节中介绍的乘数为 5 时的速算方法十分简单，可总结为：

乘以 5，后补 0，从左往右依次读成偶数，折半

稍加练习，大家就能熟练地掌握该方法。在做下列练习题时，只允许口算，不可以使用任何计算工具。

练习题

口算下列乘积：

（1）97×5；

（2）584×5；

（3）678×5；

（4）1746×5；

（5）8451×5；

（6）45453×5；

（7）284631×5；

（8）4631746×5；

（9）1779937×5；

（10）65435999×5；

（11）351729755×5；

（12）3975533219×5。

练习题答案：（1）485；（2）2920；（3）3390；（4）8730；（5）42255；（6）237265；（7）1423155；（8）23158730；（9）8899685；（10）327179995；（11）1758648775；（12）19877666095。你算对了吗？用时多少？

第 5 节 乘数为 6 时的一口清速算法

给定一个半径为 23 厘米的圆，其内接正六边形的周长显然等于 23×6=138 厘米。因为这里的被乘数比较简单，所以大家一般都可以口算出乘积。假如被乘数稍微复杂一点，例如 347596，你也能够口算出它与 6 的乘积吗？所谓乘数为 6 时的一口清速算法，就是要求对于像 347596×6 这样的乘法算式，能够见题出答案。因为史丰收速算法关于乘数 6 的进位口诀比较烦琐，所以我们在本节中介绍乘数为 6 时的其他口算方法，后者实际上与乘数为 5 时借助除法的速算方法类似。

如果我们允许数位上出现分数 1/2，那么 5=(1/2, 0)，这里的 1/2 出现在十位上，它所代表的就是 1/2×10=5。可见十位上的 1/2 就代表了个位上的 5；反过来说，相当于个位上的 5 进位到十位上成了 1/2，即满 5 进位 1/2，这与珠算中的下档五珠升为上档一珠的原理是相通的。

按照上述约定和记号，并注意到 $6=5+1$，我们得到 $6=5+1=(1/2, 1)$，这表示十位数等于 1/2，而个位数等于 1。根据 6 的这种表示方法，我们来探究用 6 去乘任意一个多位数的口算方法。我们通过一个简单的例子来分析算理。为了计算 48×6，我们进行以下演算：

$$\begin{aligned}48\times6&=48\times(1/2, 1)\\&=(4\times1/2, 8\times1/2+4\times1, 8\times1)\\&=(4\times1/2+0, 8\times1/2+4, 0\times1/2+8)\\&=(4\div2+0, 8\div2+4, 0\div2+8)\end{aligned}$$

如果我们在被乘数 48 的首尾各补上一个 0，就得到 0480。上述算式的最后一行表明，为了计算乘积 48×6，可以将 0480 除了最高位 0 以外的每一位上的数都除以 2，再加上高一位的数。我们将上述运算过程简写成：

$$48\times6\to0480\to(4\div2+0, 8\div2+4, 0\div2+8)\to(2, 8, 8)\to288$$

简言之，就是被乘数的每一位数字折半再加上左边的数字。

为了帮助大家更好地理解上述算理，我们可以写出以下竖式：

$$\begin{array}{cccc} & & 4 & 8\\ \times & & \dfrac{1}{2} & 1\\ \hline 4\times\dfrac{1}{2} & & 4\times1+8\times\dfrac{1}{2} & 8\times1\end{array}$$

这与大家熟知的普通乘法算式基本上是一样的，所不同的仅仅是这里允许数位上出现分数。

如果被乘数的数位上有奇数，那么按照上述方法进行计算时就会出现分数。奇数除以 2 得到的结果含有分数部分 $\frac{1}{2}$，而 $\frac{1}{2}\times10=5$，也就是说某数位上的 $\frac{1}{2}$ 相当于下一数位上的 5。据此，我们可以消除数位上的分数 $\frac{1}{2}$，同时在低一级的数位上加上 5。简言之，就是 $\frac{1}{2}$ 退作 5。这叫作对 $\frac{1}{2}$ 做退位处理，与 1 退作 10 的道理是完全类似的。例如，按照上述方法口算 789×6，我们需要两次对 $\frac{1}{2}$ 做退位处理。

$$789\times6\rightarrow07890\rightarrow(7\div2+0,\ 8\div2+7,\ 9\div2+8,\ 0\div2+9)$$
$$\rightarrow(3\frac{1}{2},\ 11,\ 12\frac{1}{2},\ 9)\rightarrow(3,\ 11+5,\ 12,\ 9+5)$$
$$\rightarrow(3,\ 16,\ 12,\ 14)\rightarrow(4,\ 7,\ 3,\ 4)\rightarrow4734$$

上述例子告诉我们，当被乘数的某位上的数为奇数时，计算乘积的方法是忽略该奇数除以 2 的余数部分，同时在乘积的下一数位上加 5。另一种处理方法是将余数与下一位连缀成两位数继续折半并加左边。

综上所述，计算多位数与 6 的乘积的心算方法如下：首先在被乘数的首尾各补一个 0，然后从右往左，连续选取被乘数的相邻两位，右边的数字折半后再加上左边的数字，若左边的数字为奇数，则需要额外加上 5。简单地说，这种方法可表述为：

乘以 6，首尾补 0，各位折半取整加左边，左单另加 5

例如，计算乘积 347596×6 的心算过程如下表所示。

347596×6→03475960			
相邻两位	**右折半加左**	**是否有加 5**	**计算结果**
60	[0÷2]+6→6	否	…6
96	[6÷2]+9+5→17	是	…(1)76
59	[9÷2]+5+5→14	是	…(1)576
75	[5÷2]+7+5→14	是	…(1)5576
47	[7÷2]+4→7	否	…85576
34	[4÷2]+3+5→10	是	…(1)085576
03	[3÷2]+0→1	否	2085576

此外，需要说明的是，多位数乘以任何一位数的乘法都可以按照传统的笔算方法进行口算。对于乘数为 6 的乘法口算，当然也不例外。但是，按照本节所介绍的方法口算多位数与 6 的乘积的好处是，甚至不需要知道关于 6 的普通乘法口诀，更不需要知道史丰收的那么多进位口诀。另外，正如大家在上述例题中所看到的那样，采用这种算法时最多进位 1。在以后的章节中，我们还会找到乘数为 6 时更好的乘法口算方法，那就是剪刀积、梅花积等方法。

本节要点归纳为以下乘数为 6 时的乘法一口清口诀：

乘以 6，各位数字折半取整加左边，左单另加 5

经过适当的练习，大家就能熟练地掌握上述一口清速算法。注意，在做下列练习题时，只允许口算，不可以使用任何计算工具；否则，达不到训练的目的。

练习题

口算下列乘积：

（1）84×6；

（2）846×6；

（3）4886×6；

（4）8642×6；

（5）5739×6；

（6）7913×6；

（7）56789×6；

（8）97834×6；

（9）3456792×6；

（10）9895612×6；

（11）678932357×6；

（12）5779346718×6。

练习题答案：（1）504；（2）5076；（3）29316；（4）51852；（5）34434；（6）47478；（7）340734；（8）587004；（9）20740752；（10）59373672；（11）4073594142；（12）34676080308。你算对了吗？用时多少？

第 6 节 乘数为 7 时的一口清速算法

我们知道，一个星期有 7 天，因此 52 个星期就是 $52\times7=364$ 天，接近一年的天数。可见，一年大约有 52 个星期。因为这里的被乘数比较简单，所以大家一般都可以口算出乘积。假如被乘数稍微复杂一点，例如 6724，你也能够口算出它与 7 的乘积吗？所谓乘数为 7 时的一口清速算法，就是要求对于像 6724×7 这样的乘法算式，能够见题出答案。因为史丰收速算法关于乘数 7 的进位口诀比较烦琐，所以我们在本节中介绍其他口算方法。其中，一种方法是直接模仿传统的笔算方法进行心算，另一种方法是根据 5 进位的方法推导出的类似于乘数为 6 时的乘法口算方法。

我们首先分析第一种方法的算理。

$$6724\times7=(42, 49, 14, 28)=(4, 6, 10, 6, 8)=(4, 7, 0, 6, 8)=47068。$$

从高位或低位开始都可以，被乘数每一位上的数字分别乘以 7，并逐步进位，直至得到最终结果。不过，一般地，我们还是建议按照传统的计算方法从低位开始，因为这样可以避免来回修改已经算过的数位。据此，我们将上述例子的心算过程记录在下表中。

被乘数倒序	乘以 7	乘积
4	28	…(2)8
2	14	…(1)68
7	49	…(5)068
6	42	47068

上表中加了括号的数字表示进位。每多乘一位，就将所得结果的个位与上一步所得的进位相加，由此将相邻两步的结果衔接起来。比如，14 与 28 衔接起来，就是 168。

$$(14, 28) \to (1, 4+2, 8) \to (1, 6, 8) \to 168$$

下面我们介绍乘数为 7 时的第二种乘法口算方法。

如果我们允许数位上出现分数 1/2，那么 $5=(1/2, 0)$，这里的 1/2 出现在十位上，它所代表的就是 $1/2 \times 10=5$。可见，十位上的 1/2 代表个位上的 5；反过来说，个位上的 5 进位到十位上成了 1/2，即满 5 进位 1/2。

按照上述约定和记号，并注意到 $7=5+2$，我们得到 $7=5+2=(1/2, 2)$，这意味着十位数等于 1/2，而个位数等于 2。根据 7 的上述表示方法，我们来研究用 7 去乘任意一个多位数的口算方法。我们通过一个非常简单的例子来分析算理。为了计算 48×7，我们进行以下演算。

$$\begin{aligned}
48 \times 7 &= 48 \times (1/2, 2) \\
&= (4 \times 1/2, 8 \times 1/2 + 4 \times 2, 8 \times 2) \\
&= (4 \times 1/2 + 0 + 0, 8 \times 1/2 + 4 + 4, 0 \times 1/2 + 8 + 8) \\
&= (4 \div 2 + 0 + 0, 8 \div 2 + 4 + 4, 0 \div 2 + 8 + 8)
\end{aligned}$$

如果我们在被乘数 48 的首尾各补上一个 0，就得到 0480。上述算式的最后一行表明，为了计算乘积 48×7，可以将 0480 的每一位上的数字除以 2，再两次加上高一位的数字。我们将上述运算过程改写成：

$$\begin{aligned}
48 \times 7 \to 0480 &\to (4 \div 2 + 0 + 0, 8 \div 2 + 4 + 4, 0 \div 2 + 8 + 8) \\
&\to (2, 12, 16) \to (3, 3, 6) \to 336
\end{aligned}$$

为了帮助大家更好地理解上述算理，我们可以写出以下竖式：

$$\begin{array}{cccc}
 & & 4 & 8 \\
\times & & \frac{1}{2} & 2 \\
\hline
4 \times \frac{1}{2} & & 4 \times 2 + 8 \times \frac{1}{2} & 8 \times 2
\end{array}$$

这与大家熟知的普通乘法算式基本上是一样的，所不同的仅仅是这里允许数位上出现分数。

如果被乘数的数位上有奇数，那么按照上述方法进行计算时就会出现分数。奇数除以 2 得到的结果含有分数部分 $\frac{1}{2}$，而 $\frac{1}{2}\times 10=5$，也就是说某位上的 $\frac{1}{2}$ 相当于下一位上的 5。前面已经讲过，我们将这种消除数位上的分数 $\frac{1}{2}$ 的方法叫作对 $\frac{1}{2}$ 做退位处理。

例如，按照上述方法口算本节开头的例子 6724×7，我们需要对于 $\frac{1}{2}$ 做一次退位处理。

$$6724\times 7\to 067240\to$$
$$(6\div 2+0+0,\ 7\div 2+6+6,\ 2\div 2+7+7,\ 4\div 2+2+2,\ 0\div 2+4+4)$$
$$\to(3,\ 15\frac{1}{2},\ 15,\ 6,\ 8)\to(3,\ 15,\ 15+5,\ 6,\ 8)$$
$$\to(3,\ 15,\ 20,\ 6,\ 8)\to(4,\ 7,\ 0,\ 6,\ 8)\to 47068$$

上述例子告诉我们，当被乘数的某位上的数字为奇数时，计算乘积的方法是忽略该奇数除以 2 的余数部分，同时将乘积的下一位上的数加上 5。另一种处理办法是将余数 1 与被乘数的下一位连缀成两位数继续除以 2 并加上左边的数字两次。

综上所述，计算多位数与 7 的乘积的第二种心算方法如下：首先在被乘数的首尾各补一个 0，然后从右往左，连续选取被乘数的相邻两位，将右边的数字折半，再两次加上左边的数字，若左边的数字为奇数，则需要额外加上 5。简单地说，这种方法可表述为：

乘以 7，首尾补 0，各位折半取整，两次加左边，左单另加 5

例如，计算乘积 6724×7 的心算过程如下表所示。

6724×7→067240			
相邻两位	右折半两次加左	是否加 5	乘积
40	[0÷2]+4+4→8	否	…8
24	[4÷2]+2+2→6	否	…68
72	[2÷2]+7+7+5→20	是	…(2)068
67	[7÷2]+6+6→15	否	…(1)7068
06	[6÷2]+0+0→3	否	47068

按照上述第二种方法口算多位数与 7 的乘积的好处是，甚至不需要知道关于 7 的普通乘法口诀，更不需要知道史丰收的那么多进位口诀。另外，正如大家在上述例题中所看到的，这里最多出现进位 2。在以后的章节中，我们还会介绍乘数为 7 时更好的乘法口算方法，那就是剪刀积、梅花积等方法。

本节要点归纳为以下乘数为 7 时的乘法一口清速算法：

乘以 7，各位数字折半后两次加左边，左单另加 5

经过适当的练习，大家就能熟练地掌握上述一口清速算法。注意，在做下列练习题时，只允许口算，不可以使用任何计算工具；否则，达不到训练的目的。

练习题

口算下列乘积：

（1）46×7；

（2）826×7；

（3）2246×7；

（4）8262×7；

（5）5397×7；

（6）7953×7；

（7）56789×7；

（8）97836×7；

（9）3456794×7；

（10）9895632×7；

（11）678932547×7；

（12）5749346715×7。

练习题答案：（1）322；（2）5782；（3）15722；（4）57834；（5）37779；（6）55671；（7）397523；（8）684852；（9）24197558；（10）69269424；（11）4752527829；（12）40245427005。你算对了吗？用时多少？

第7节　乘数为8时的一口清速算法

假设某工厂上一年度的业务收入为29648700元，若按照8%的增长率计算，本年度业务收入的净增加量是多少？你能口算出答案吗？事实上，净增加量为29648700×8%=296487×8元。所谓乘数为8时的一口清速算法，就是要求对于像296487×8这样的乘法算式，能够见题出答案。因为史丰收速算法关于乘数8的进位口诀比较烦琐，所以我们在本节中介绍其他口算方法。其中，第一种方法是直接模仿传统的笔算方法进行心算，第二种方法是根据8与10接近的特点推导出的利用纯粹减法来计算乘积的方法。

我们首先分析第一种方法的算理。

$$
\begin{aligned}
&296487\times 8\\
&=(2\times 8, 9\times 8, 6\times 8, 4\times 8, 8\times 8, 7\times 8)\\
&=(16, 72, 48, 32, 64, 56)\\
&=(1, 6+7, 2+4, 8+3, 2+6, 4+5, 6)\\
&=(1, 13, 6, 11, 8, 9, 6)\\
&=(1+1, 3, 6+1, 1, 8, 9, 6)\\
&=(2, 3, 7, 1, 8, 9, 6)\\
&=2371896。
\end{aligned}
$$

明白了上述算理，还不等于会口算，因为后者不允许动笔写演算过程，因此要求更高。当口算的时候，从高位或低位开始都可以，被乘数的每一位数字分别乘以 8，并逐步进位，直至得到最终结果。不过，一般地，我们还是建议模仿传统的笔算方法从低位开始计算，因为这样可以避免来回修改已经算好的数位。据此，我们将上述例子的心算过程记录在下表中。

被乘数倒序	乘以 8	乘积
7	56	…(5)6
8	64	…(6)96
4	32	…(3)896
6	48	…(5)1896
9	72	…(7)71896
2	16	2371896

上表中加了括号的数字表示进位。每多乘一位，就将所得结果的个位与上一步所得的进位相加，由此将相邻两步的计算结果衔接起来。比如，将 64 与 56 衔接起来就是 696。

$$(64, 56) \to (6, 4+5, 6) \to (6, 9, 6) \to 696$$

下面我们介绍乘数为 7 时的第二种乘法口算方法。

如果我们允许数位上出现负数，那么就有 $8=(1,-2)$。这里的 1 出现在十位上，它所代表的当然是 10，而此时个位上出现的是一个负数 -2。将个位与十位合起来，记作 $(1,-2)$，它代表的就是 $10-2=8$。我们通过这种表示方式将 8 和与之大小比较接近的 10 紧密地联系了起来，因此可以用于速算。

根据 8 的上述表示方法，我们研究用 8 去乘任意一个多位数的口算方法。我们通过一个非常简单的例子来分析算理。为了计算 49×8，我们进行以下演算。

$$\begin{aligned}
49\times 8 &= (4, 9)\times(1,-2)\\
&= (4\times 1, 9\times 1+4\times(-2), 9\times(-2))\\
&= (4, 9-4\times 2, -9\times 2)\\
&= (4-0-0, 9-4-4, 0-9-9)
\end{aligned}$$

如果我们在被乘数 49 的首尾各补上一个 0，就得到 0490。上述算式的最后一行表明，为了计算乘积 49×8，可以用 0490 的每一位上的数字两次减去高一位上的数字。我们将上述运算过程重新表示为：

$$
\begin{aligned}
49\times8 &\rightarrow 0490 \rightarrow (4-0-0,\ 9-4-4,\ 0-9-9)\\
&\rightarrow (4,\ 1,\ -18) \rightarrow (4,\ 1-2,\ 20-18)\\
&\rightarrow (4,\ -1,\ 2) \rightarrow (4-1,\ 10-1,\ 2)\\
&\rightarrow (3,\ 9,\ 2) \rightarrow 392
\end{aligned}
$$

为了帮助大家更好地理解上述算理，我们可以写出以下竖式：

$$
\begin{array}{cccc}
 & 4 & & 9 \\
\times & 1 & & -2 \\
\hline
4\times1 & 9\times1+4\times(-2) & & 9\times(-2)
\end{array}
$$

这与大家熟知的普通乘法算式基本上是一样的，所不同的仅仅是这里允许数位上出现负数。

综上所述，计算多位数与 8 的乘积的第二种心算方法如下：首先在被乘数的首尾各补一个 0，然后从右往左，连续选取被乘数的相邻两位，用右边的数字两次减去左边的数字。这就将乘数为 8 的乘法运算完全转化成了减法运算。简单地说，这种方法可表述为：

乘以 8，首尾补 0，各位两次减去左边

回到本节开头提出的问题，我们利用第二种方法计算 296487×8 的具体心算过程如下表所示。

296487×8→02964870			
相邻两位	右减去左两次	说明	乘积
70	0−7−7→(−2, 3+3) →(−2, 6)	借位 2	…(−2)6
87	7−8−8−2→−11 →(−2, 9)	借位 2	…(−2)96
48	8−4−4−2→−2 →(−1, 8)	借位 1	…(−1)896

续表

296487×8→02964870			
相邻两位	右减去左两次	说明	乘积
64	4−6−6−1→−9 →(−1, 1)	借位 1	…(−1)1896
96	6−9−9−1→−13 →(−2, 7)	借位 2	…(−2)71896
29	9−2−2−2→3		…371896
02	2−0−0→2		2371896

表中括号内的负数表示进位是负数，也就是说实际上代表借位。该表的最后一个格子给出了答案，即 296487×8=2371896。

按照上述第二种方法口算多位数与 8 的乘积的好处是，甚至不需要知道关于 8 的普通乘法口诀，更不需要知道史丰收的那么多进位口诀。另外，正如大家在上述例题中所看到的，这里最多出现借位 2。在以后的章节中，我们还会介绍乘数为 8 时更好的乘法口算方法，那就是剪刀积、梅花积等方法。

本节要点归纳为关于乘数为 8 时的一口清速算法，口诀如下：

乘以 8，各位数字两次减去左边

经过适当的练习，大家就能熟练地掌握上述一口清速算法。注意，在做下列练习题时，只允许口算，不可以使用任何计算工具；否则，达不到训练的目的。

练习题

口算下列乘积：

（1）126×8；

（2）886×8；

（3）2346×8；

（4）8766×8；

（5）5395×8；

（6）7958×8；

（7）56789×8；

（8）97856×8；

（9）3456796×8；

（10）7895631×8；

（11）978132587×8；

（12）5549349872×8。

练习题答案：（1）1008；（2）7088；（3）18768；（4）70128；（5）43160；（6）63664；（7）454312；（8）782848；（9）27654368；（10）63165048；（11）7825060696；（12）44394798976。你算对了吗？用时多少？

第 8 节　乘数为 9 时的一口清速算法

某件商品的标价为 26850 元，打九折后实际售价是多少？你能口算出结果吗？所谓打九折，就是原价乘以 90%，即乘以 0.9。由于 26850×0.9=2685×9，这里实际上就是要求口算 2685×9。对于像这种多位数乘以 9 的乘法，能够见题报出答案的方法就是乘数为 9 时的一口清速算法，本节就来谈论这样的方法。我们介绍两种方法：一种是史丰收速算法，另一种是借助减法来做乘法的方法。

先看第一种方法，就是史丰收速算法。为了了解 9 乘以多少需要进位 1，我们用 1 来除以 9，看看能得到什么。1÷9=0.111…，这是一个无限循环小数，记为 $0.\dot{1}$。我们由此知道，$9\times 0.\dot{1}=1$，也就是说当满 $0.\dot{1}$ 时就需要进位 1。由此进一步推导出，当满 $0.\dot{2}$ 时就需要进位 2，当满 $0.\dot{3}$ 时就需要进位 3……当满 $0.\dot{8}$ 时就需要进位 8。

我们可以给出乘数为 9 时的一口清速算方法。首先在被乘数的最高位前面补一个 0，然后从这个 0 开始，从左往右进行计算，每一位数乘以 9 后取结果的个位数（叫作本个），再加上后面的进位（叫作后进），然后取和的个位数，得到乘积在该位上的数（叫作位积），即

位积=（本个+后进）取个位

后进的计算方法是将被乘数中当前位后面的所有数当作小数，满 $0.\dot{n}$ 时就进位 n。省略小数点，进位口诀可以写成：

满 $\dot{n}$ 进 n

现在，我们可以利用上述方法口算乘积 2685×9。

首先在被乘数的前面补上一个 0，得到 02685，然后从高位开始往低位逐位进行计算。被乘数的最高位为 0，乘以 9 也是 0，个位还是 0，故此时的本个为 0。观察被乘数最高位 0 后面的数 26，它大于 22，如果将它看作小数，则 0.26 大于 $0.\dot{2}$，因此必须进位 2，或者说后进为 2。本个+后进=0+2=2，其个位还是 2，因此此时的位积为 2，也就是说乘积的最高位为 2。

接着看被乘数的次高位 2，将它乘以 9 得 18，取个位数 8，得到本个为 8。观察被乘数中 2 以后的数 68，它大于 66，如果将它看作小数，则 0.68 大于 $0.\dot{6}$，因此需要进位 6，或者说此时的后进为 6。本个+后进=8+6=14，取其个位，得到 4，因此此时的位积为 4，也就是说乘积的次高位为 4。为什么位积只取本个与后进之和的个位数呢？这是因为在计算乘积的前一位时已经考虑过后进了，因此不需要重复考虑进位。

再看被乘数的下一位 6，将它乘以 9 得 54，取个位数 4，即本个为 4。观察被乘数中 6 以后的两位数 85，它大于 77，如果将它看作小数，则 0.85 大于 $0.\dot{7}$，因此需要进位 7，或者说此时的后进为 7。本个+后进=4+7=11，取其个位，得到 1，因此此时的位积为 1，也就是说乘积相应数位上的数等于 1。

被乘数的十位数为 8，乘以 9 得 72，取其个位便得到 2，即本个为 2。被乘数中 8 以后的数只有 5，如果将它看作小数，则 0.5 大于 $0.\dot{4}$，因此必须进位 4，或者说后进为 4。本个+后进=2+4=6，取其个位还是 6，因此此时的位积为 6，也就是说乘积的十位数等于 6。

最后看个位数 5，将它乘以 9 得 45，取其个位得到 5，即本个为 5。个位数后面没有别的数了，或者说它的后面是 00，当然不需要进位，或者说此时的后进为 0。

本个+后进=5+0=5，其个位还是 5，因此此时的位积为 5，也就是说乘积的个位数等于 5。

综上所述，2685×9=24165。

为清晰起见，我们将上面的计算过程列在下表中。

被乘数	0	2	6	8	5
本个	0	8	4	2	5
后进	2	6	7	4	0
位积	2	4	1	6	5

上述计算过程实际上可以在心中完成，在熟练之后就可以达到一口清的程度。

下面我们介绍乘数为 9 时的第二种乘法口算方法，它与乘数为 8 时的第二种口算方法类似，其实质就是将乘法转化为纯粹的减法运算。

如果我们允许数位上出现负数，那么就有 9=(1,−1)。这里的 1 出现在十位上，它所代表的当然是 10，而此时的个位数是一个负数−1。将个位与十位合起来，记作(1,−1)，代表的就是 10−1=9。我们通过这种表示方式实际上将 9 和与之大小比较接近的 10 紧密地联系了起来，因此可以进行速算。

根据 9 的上述表示方法，我们研究用 9 去乘任意一个多位数的口算方法。我们通过一个非常简单的例子来分析算理。为了计算 38×9，我们进行以下演算。

$$\begin{aligned}38\times9&=(3,8)\times(1,-1)\\&=(3\times1,8\times1+3\times(-1),8\times(-1))\\&=(3,8-3\times1,-8\times1)\\&=(3-0,8-3,0-8)\end{aligned}$$

如果在被乘数 38 的首尾各补上一个 0，我们就得到 0380。上述算式的最后一行表明，为了计算乘积 38×9，可以用 0380 的每一位上的数字减去高一位上的数字。我们将上述运算过程重新表示为：

$$\begin{gathered}38\times9\to0380\to(3-0,8-3,0-8)\\\to(3,5,-8)\to(3,4,10-8)\to(3,4,2)\to342\end{gathered}$$

为了帮助大家更好地理解上述算理，我们可以写出以下竖式：

$$\begin{array}{cccc} & 3 & & 8 \\ \times & 1 & & -1 \\ \hline 3\times1 & & 8\times1+3\times(-1) & 8\times(-1) \end{array}$$

这与大家熟知的普通乘法算式基本上是一样的，所不同的仅仅是这里允许数位上出现负数。

我们由以上分析看出，计算多位数与 9 的乘积的第二种心算方法如下：首先在被乘数的首尾各补一个 0，然后从右往左，连续选取被乘数的相邻两位，用右边的数字减去左边的数字。简单地说，这种方法可表述为：

乘以 9，首尾补 0，各位减去左边

回到本节开头提出的问题，商品标价为 26850 元，打九折就是削价 10%，也就是便宜 2685 元，因此实际售价为（26850−2685）元。我们用竖式进行计算：

$$\begin{array}{ccccc} 2 & 6 & 8 & 5 & 0 \\ - & 2 & 6 & 8 & 5 \\ \hline 2-0 & 6-2 & 8-6 & 5-8 & 0-5 \end{array}$$

这与普通的减法竖式基本上是一样的，所不同的仅仅是这里的数位上允许出现负数。这清楚地说明了我们可以将乘数为 9 的乘法转化成相邻位相减的方法。我们用这种减法来计算 2685×9 的具体心算过程如下表所示。

2685×9→026850			
相邻两位	右减去左	说明	乘积
02	2−0→2		2…
26	6−2→4		24…
68	8−6→2		242…
85	5−8→−3→(−1, 7)	借位 1	2417…
50	0−5→−5→(−1, 5)	借位 1	24165

表中的最后一个格子给出了答案，即 2685×9=24165。以上是从高位算起的，实际上从低位算起也是可以的。二者没有本质的区别，所不同的仅仅是报数的顺序

不一样。若从高位算起，则可以预先减去借位，以避免后面出现负数。什么情况下会出现负数呢？有两种情况：一是下一位的数字比当前位小，如上例中的 85、50 等；二是当前位与接下来的一位或者几位都相同，但往后出现的第一个不同的数比当前位小，如 885、5550 等。

按照上述第二种方法口算多位数与 9 的乘积的好处是，甚至不需要知道关于 9 的普通乘法口诀。另外，正如大家在上述例题中所看到的那样，这里最多出现借位 1 的情况。

本节要点归纳为以下乘数为 9 时的乘法一口清速算法：

方法一：史丰收法	本个 + 后进 = 位积，满 n 进 n
方法二：化为减法	首位补 0，右边减去左边

经过适当的练习，大家就能熟练地掌握上述一口清速算法。注意，在做下列练习题时，只允许口算，不可以使用任何计算工具；否则，达不到训练的目的。

练习题

口算下列乘积：

（1）346×9；

（2）986×9；

（3）3345×9；

（4）9766×9；

（5）3594×9；

（6）9876×9；

（7）56789×9；

（8）98765×9；

（9）3456543×9；

（10）9876566×9；

（11）978132526×9；

（12）5543210212×9。

练习题答案：（1）3114；（2）8874；（3）30105；（4）87894；（5）32346；（6）88884；（7）511101；（8）888885；（9）31108887；（10）88889094；（11）8803192734；（12）49888891908。你算对了吗？用时多少？

第9节　一口清速算综合演练

我们在本章前面的各节中分别介绍了乘数为2、3、4、5、6、7、8、9时的一口清速算法，现在可以对多位数乘以一位数的口算方法进行总结并做一些综合演练。

首先，正如我们在前面一再说过的，对于任意一位数乘以多位数，都可以采用直接相乘的方法进行口算。其次，也可以采用史丰收速算法，就是位积=本个+后进，进位方法根据一位数乘数的不同而各有口诀。乘数为2、3、4、9时的进位口诀比较简单，必须掌握。

乘数	进位口诀
2	满5进1
3	满$\dot{3}$进1，满$\dot{6}$进2
4	满25进1，满50进2，满75进3
9	满$\dot{n}$进n

再次，关于乘数5、6、7，可以借助除法来口算乘法。

乘数	原理	口算方法
5	$5=\left(\frac{1}{2},0\right)$	后补0，折半（即除以2）
6	$6=\left(\frac{1}{2},1\right)$	前后补0，折半加左，左单另加5
7	$7=\left(\frac{1}{2},2\right)$	前后补0，折半加左再加左，左单另加5

最后，关于乘数 8、9，可以利用纯粹的减法进行口算。

乘数	原理	口算方法
8	8=(1,-2)	前后补 0，每位两次减去左相邻位
9	9=(1,-1)	前后补 0，每位减去左相邻位

我们举一个例子来综合运用上述方法。从 123456789 开始，先乘以 2，再将所得结果乘以 3，再将所得结果乘以 4……最后将所得结果乘以 9。我们列表进行计算。

初始被乘数	123456789
乘以 2	246913578
乘以 3	740740734
乘以 4	2962962936
乘以 5	14814814680
乘以 6	88888888080
乘以 7	622222216560
乘以 8	4977777732480
乘以 9	44799999592320

上述计算过程实际上可以在心中完成，在熟练之后就可以达到一口清的程度。

下面是一位数乘以多位数的口算综合练习题。注意，在练习时，只允许口算，不可以使用任何计算工具；否则，达不到训练的目的。

练习题

一、用 2、3、4、5、6、7、8、9 分别去乘如下多位数：

（1）123456789；

（2）987654321；

（3）你或者家人的手机号码；

（4）你所看到的车牌号码（忽略其中的字母）。

二、计算乘积 74665×2×3×4×5×6×7×8×9（选自《史丰收速算法》，科学出版社，1989 年）。

练习题答案

一、（1）、（2）的答案如下表所示。

乘数 \ 乘积 \ 被乘数	123456789	987654321
2	246913578	1975308642
3	370370367	2962962963
4	493827156	3950617284
5	617283945	4938271605
6	740740734	5925925926
7	864197523	6913580247
8	987654312	7901234568
9	1111111101	8888888889

二、27094435200。

第3章 两位数乘法速算

在各种速算比赛中，口算多位数的乘法是常见的题型。在日常生活和各个阶段的学习中，两个两位数的乘法最为常见。因此，本章专门讨论两位数乘法的速算方法。

我们都熟悉一些比较特殊的两位数的乘法。比如，25 的平方等于多少？我们可以随口说出答案是 625，这是因为 $2\times3=6$，$5\times5=25$。又如，42×48 等于多少？我们也可以立即报出答案 2016，这是因为 $4\times5=20$，$2\times8=16$。在以上两个例子中，被乘数和乘数的特点是十位数相同，个位数互补，这的确是非常特殊的情形。再如，97×98 等于多少？由于这两个数相对于 100 的补数分别是 3 和 2，而 $3+2=5$，$100-5=95$，$3\times2=6$，因此答案是 9506。我们还可以随口说出 $74\times99=7326$，这是因为 $74\times99=74\times(100-1)=7400-74=7326$。后两个例子的特点是出现与 100 十分接近的数。总之，这是一些十分特殊的例子。

人们不禁要问，是否任何两个两位数的乘法都可以速算呢？回答是肯定的！任何由两个两位数构成的乘法算式都有其特殊性，都有相应的速算方法，而且这些方法能够统一起来，形成系统的方法。本书关注的实际上就是各种系统的速算方法，而不着眼于像上述特例那样的个案。在本章中，我们将根据两个两位数中所出现的数字的大小对两位数的乘法进行分类，并分别给出各自的速算方法。学完本章之后，我们会发现统一的规律。这种统一的规律不仅适用于两位数的乘法口算，而且适用于任意两个多位数的乘法口算。

第 1 节　两位数乘法速算基本公式

本节给出两个两位数乘法的速算基本公式或口诀，这是本章的基础。

我们从一个简单的例子开始。为了计算两个两位数的乘积 12×34，我们可以列出如下竖式：

$$\begin{array}{ccc} & 1 & 2\\ \times & 3 & 4\\ \hline & 1\times4 & 2\times4\\ 1\times3 & 2\times3 & \\ \hline 1\times3 & 1\times4+2\times3 & 2\times4\\ \hdashline 3 & 10 & 8\\ \hline 4 & 0 & 8\end{array}$$

可见，$12\times34=408$。对于两位数，其十位数简称头，个位数简称尾。如果省略上述竖式中前两条实线之间的部分以及虚线以下的部分，并且将乘积分为头（百位）、中（十位）、尾（个位）三部分，那么就可以得到：

$$\begin{array}{ccc} & 1 & 2\\ \times & 3 & 4\\ \hline \underbrace{1\times3}_{\text{头}} & \underbrace{1\times4+2\times3}_{\text{中}} & \underbrace{2\times4}_{\text{尾}}\end{array}$$

可见，两个两位数的头与头相乘得到积的头，尾与尾相乘得到积的尾，而积的中间等于所谓的交叉乘积，即两个两位数的头尾交叉乘积的和。我们由此得到两个两位数相乘的基本口算口诀：

头头得头，尾尾得尾，交叉乘积放中间

如果将上述推导过程中的数字改成一般的代数记号，那么就可以得到：

$$
\begin{array}{rccc}
 & & A & B \\
\times & & C & D \\
\hline
 & & A\times D & B\times D \\
 & A\times C & B\times C & \\
\hline
 & A\times C & A\times D+B\times C & B\times D
\end{array}
$$

省略两条实线之间的部分，便得到两个两位数相乘的基本口算公式：

$$
\begin{array}{rccc}
 & & A & B \\
\times & & C & D \\
\hline
 & A\times C & A\times D+B\times C & B\times D
\end{array}
$$

或者写成以下横式：

$$(A, B)\times(C, D)=(A\times C, A\times D+B\times C, B\times D)$$

以上公式（口诀）称为两位数乘法速算基本公式（口诀）。它是本章的基础，我们还可以推导出任意两个多位数的乘法速算基本公式。

可以直接用两位数乘法速算基本公式进行口算。例如，对于上述的 12×34，可以进行以下口算：

$$
\begin{aligned}
12\times34 &\rightarrow(1\times3, 1\times4+2\times3, 2\times4)\\
&\rightarrow(3, 10, 8)\rightarrow(4, 0, 8)\rightarrow408
\end{aligned}
$$

可见 $12\times34=408$。

再如，$45\times67=3015$，其心算过程如下：

$$
\begin{aligned}
&45\times67\rightarrow(4\times6, 4\times7+5\times6, 5\times7)\\
&\rightarrow(24, 58, 35)\rightarrow(29, 11, 5)\rightarrow(30, 1, 5)\rightarrow3015
\end{aligned}
$$

在该例子的第二步，积的头、中、尾都是两位数，因此最后进位的过程有点复杂。注意，$58=60-2$，这可以记为$(6,-2)$，相当于将 6 进位后还剩下 -2。因此，上述运算的后半部分可以改写成：

→(24, 58, 35)→(24+6, −2, 35)→(30, 1, 5)→3015

如此一来，心算就会轻松许多。这里的技巧是使用负数。

交叉乘积涉及两个乘积的和，很多时候这个和的计算涉及两个两位数的加法心算，这会加重心理负担，也会严重影响整个乘法运算的效率。因此，有必要对交叉乘积做适当的处理。处理方法很多，这里介绍一种主部提前进位法。由于提前进位，交叉乘积就会缩小，从而使得运算越来越轻松。

主部是什么意思呢？粗落地讲，主部就是主要部分。可是，究竟哪些部分被认为是主要的呢？任意一个一位数或者两位数的主部就是与之最接近的、个位数等于 0 或 5 的数。例如，28、29、30、31 和 32 这五个数都与 30 最接近，故它们的主部都是 30；而 33、34、35、36 和 37 这五个数都与 35 最接近，因此它们的主部都是 35。可见，所谓最接近就是差距不超过 2。一个数减去其主部后所剩下的部分就叫作这个数的副部。例如，72 的副部是 2，因为 72−70=2；36 的副部为 1，因为 36−35=1；49 的副部为 −1，因为 49−50=−1；20 的副部为 0，因为 20−20=0。

交叉乘积中的两个乘积各有其主部和副部。如果对其中两个主部之和的十位数做进位处理，那么交叉乘积扣除进位后所剩下的部分就叫作交叉乘积的残部。因此，计算交叉乘积就变成了计算残部。由于两个副部的绝对值都不超过 2，因此残部是个位数。

下面我们用乘法口算基本公式并结合主部提前进位法计算两位数的乘积。例如，为了计算 76×37，首先计算交叉乘积的主部和。7×7=49 的主部为 50，而 6×3=18 的主部为 20，因此主部和为 50+20=70，这意味着需要进位 7。然后，计算头头乘积加上进位 7，即 7×3+7=7×4=28，因此积的头为 28，暂时记住这个 28。交叉乘积的残部为 −1−2=−3，而尾尾乘积为 6×7=42，因此乘积的中、尾合起来为 (−3, 42)→12。最后，回想已经计算出来的头 28，得到最终答案 2812，即 76×37=2812。

在下例中，主部和的个位数是 5，因此残部等于副部和外加 5。为了计算 86×87，首先计算交叉乘积的主部和。$6\times8=48$ 的主部为 50，而 $8\times7=56$ 的主部为 55，因此主部和为 $50+55=105$，这意味着需要进位 10，而且残部要外加 5。然后，计算头头乘积加上进位 10，即 $8\times8+10=74$，因此积的头为 74，暂时记住这个 74。交叉乘积的残部为 $-2+1+5=4$，而尾尾乘积为 $6\times7=42$，因此乘积的中、尾合起来为 $(4, 42)\rightarrow82$。最后，回想已经计算出来的头 74，得到最终答案为 7482，即 $86\times87=7482$。之所以会出现残部外加 5 的情况，是因为交叉乘积中只有一个主部的个位数等于 5。既然如此，我们就可以直接用相应乘积的个位数代替副部计入残部，而不需要在残部和中外加 5。与此同时，直接将相应乘积的十位数计入主部中需要进位的部分。例如，本例中的残部等于 $-2+6=4$。

最后，我们再看一个例子，计算过程中将出现更多的负数，因此需要做适当的退位。为了计算 84×76，我们首先计算交叉乘积的主部和。$4\times7=28$ 的主部为 30，而 $8\times6=48$ 的主部为 50，因此主部和为 $30+50=80$，这意味着需要进位 8。然后，计算头头乘积加上进位 8，即 $8\times7+8=8\times8=64$，因此积的头为 64，暂时记住这个 64。交叉乘积的残部为 $-2-2=-4$，而尾尾乘积为 $4\times6=24$，因此乘积的中、尾合起来为 $(-4, 24)\rightarrow(-2, 4)$。回想已经计算出来的头 64，合起来得到 $(64, -2, 4)\rightarrow(63, 8, 4)\rightarrow6384$，即 $84\times76=6384$。

本节要点总结为任意两个两位数的乘法速算基本口诀：

头乘头，尾乘尾，交叉乘积放中间

在应用时，可以结合主部进位法，其具体心算过程如下：

第一步	计算交叉乘积的主部，确定进位
第二步	头乘头，加上进位，得到头并记住
第三步	计算交叉乘积的残部，得到中
第四步	尾乘尾，与中合并
第五步	与头合并

要熟练地掌握这些秘诀，必须进行一定量的训练。注意，对于下列练习题，只能进行口算，不可以使用任何计算工具。

练习题

口算下列乘积：

（1）11×11；

（2）12×12；

（3）15×15；

（4）16×16；

（5）18×18；

（6）19×19；

（7）36×87；

（8）44×88；

（9）79×27；

（10）29×29；

（11）96×63；

（12）89×97。

练习题答案：（1）121；（2）144；（3）225；（4）256；（5）324；（6）361；（7）3132；（8）3872；（9）2133；（10）841；（11）6048；（12）8633。你算对了吗？用时多少？

第 2 节　四小型乘法速算秘诀

数字的大小是相对的。在本书中，我们规定 5 和 5 以下的数字是小数字，6 和 6 以上的数字是大数字。为了研究两个两位数的乘法口算问题，可以根据被乘数与乘数中四个数字的大小进行分类。所谓四小型就是其中四个数字都是小数字，即不出现大数字 6、7、8 和 9。这种类型的乘法口算方法就是直接运用本章第 1 节介绍的乘法口算基本公式（口诀）。

例如，计算乘积 45×23 的心算过程如下：

$$45\times23\to(4\times2,\ 4\times3+5\times2,\ 5\times3)\to(8,\ 22,\ 15)$$
$$\to(10,\ 2,\ 15)\to(10,\ 3,\ 5)\to1035$$

因此，45×23=1035。

在计算过程中，也可以结合主部提前进位法。例如，计算乘积 44×44 的心算过程如下：

步骤	过程	乘积的结果
第一步	主部和：15 + 15 = 30	（记住需进位 3）
第二步	头积 + 进位：4 × 4 + 3 = 19	19…
第三步	残部：1 + 1 = 2	192…
第四步	尾积：4 × 4 = 16	(192, 16) → 1936

因此，44×44=1936。

最后，我们再看一个例子，其特点是残部为 0。计算乘积 45×45 的心算过程如下：

步骤	过程	乘积的结果
第一步	主部和：20 + 20 = 40	（记住需进位 4）
第二步	头积 + 进位：4 × 4 + 4 = 4 × 5 = 20	20…
第三步	残部：0 + 0 = 0	200…
第四步	尾积：5 × 5 = 25	(200, 25) → 2025

因此，45×45=2025。

本节要点可以总结为四小型乘积的口算方法，就是直接运用以下两位数的乘法口算基本公式（口诀）。

头头相乘得头，尾尾相乘得尾，交叉乘积放中间

本节介绍的方法简单明确，也是后面各节所介绍的计算方法的基础，因此我们必须熟练掌握。为此，应进行一定量的训练。注意，在做下列练习题时，只允许口算，不可以使用任何计算工具，否则收不到应有的效果。

练习题

口算下列乘积：

（1）11×11；

（2）11×12；

（3）12×12；

（4）13×14；

（5）14×14；

（6）21×21；

（7）22×24；

（8）24×32；

（9）35×23；

（10）55×55；

（11）52×34；

（12）54×35。

练习题答案：（1）121；（2）132；（3）144；（4）182；（5）196；（6）441；（7）528；（8）768；（9）805；（10）3025；（11）1768；（12）1890。你算对了吗？用时多少？

第 3 节　前一大型乘法速算秘诀

所谓前一大型就是用来做乘法运算的两个两位数中，除了有一个十位数为大数字 6、7、8 或 9 外，其余三个数字都是 5 或 5 以下的小数字。比如，83×24 就属于前一大型，这里只有一个十位数字 8 是大数字。本节介绍前一大型乘积的速算秘诀。

对于前一大型乘积，除了直接采用本章第1节介绍的方法以外，还可以在乘法口算基本公式的基础上，运用适当的规则和方法来化简交叉乘积。

例如，为了计算 83×24，首先采用乘法口算基本公式：

$$\begin{array}{cccc} & 8 & & 3 \\ \times & 2 & & 4 \\ \hline 8\times2 & & 8\times4+3\times2 & 3\times4 \end{array}$$

也就是头乘头得头，尾乘尾得尾，交叉乘积放中间。不过，现在的交叉乘积含有大数字8。为了减小交叉乘积，可以用其中的 8×4 减去40，变成 $8\times4-40$。这种将有大数字参与的乘积减去其中小数字的10倍的运算过程叫作退位积法。8与4的退位积为 $8\times4-40=32-40=2-10=-8$，它实际上等于用数字8减去10之后再与4相乘，即 $8\times4-40=(8-10)\times4=(-2)\times4$。8由于减去10而变成了带负号的小数字2，因此，退位积的本质就是将参与运算的大数字化成小数字。另外，交叉乘积因为退位积减去了40，乘积的百位就应该相应地加上4。由于这些改变，上述竖式相应地变为：

$$\begin{array}{ccc} & 8 & 3 \\ \times & 2 & 4 \\ \hline 8\times2+4 & (8\times4-40)+3\times2 & 3\times4 \\ \hdashline 20 & -2 & 12 \\ \hdashline 19 & 9 & 2 \end{array}$$

由此得到 $83\times24=1992$。

在上述计算过程中，由于大头8在交叉乘积中对应着另一个数中的小尾巴4，而该小尾巴4要加到乘积的百位上。也就是说，头头相乘，要加上大头所对应的小尾巴。我们称该过程或者规则为“头大尾前移”。采用该规则时，交叉乘积中含有大头的乘积要变成退位积。尾与尾直接相乘依然得尾。简言之，前一大型乘法口算基本上是按照乘法口算基本公式（口诀）进行的，不过要注意“头大尾前移”规则和退位积。

再看一个例子。为了计算 94×23，我们结合“头大尾前移”规则和退位积进行以下计算。

	9	4
×	2	3
$9\times2+3$	$9\times3-30+4\times2$	4×3
21	5	12
21	6	2

可见，$94\times23=2162$。注意，其中针对 9×3 使用了退位积；同时，头 9 大导致尾 3 前移，使得头头乘积 9×2 加上了小尾巴 3。熟悉上述过程后，并不需要列出竖式，所有的运算在心中完成即可。

本节要点总结为以下前一大型乘法口算秘诀：

头头相乘+头大尾前移=头
尾尾相乘=尾
交叉乘积放中间，其中涉及大头的乘积改用退位积

要熟练地掌握前一大型乘法口算秘诀，必须进行一定量的训练。注意，在做下列练习题时只能进行口算，不可以使用任何计算工具。

练习题

口算下列乘积：

（1）82×23；

（2）93×22；

（3）72×33；

（4）64×23；

（5）24×63；

（6）62×54；

（7）92×45；

（8）65×35；

（9）73×35；

（10）62×43；

（11）94×34；

（12）84×54。

练习题答案：（1）1886；（2）2046；（3）2376；（4）1472；（5）1512；（6）3348；（7）4140；（8）2275；（9）2555；（10）2666；（11）3196；（12）4536。你算对了吗？用时多少？

第 4 节　后一大型乘法速算秘诀

所谓后一大型就是用来做乘法运算的两个两位数中，除了有一个个位数为大数字 6、7、8 或 9 外，其余三个数字都是 5 或 5 以下的小数字。比如，38×23 就属于后一大型，这里只有一个个位数字 8 是大数字。本节介绍后一大型乘积的速算秘诀。

对于后一大型乘积，除了可以采用本章第 1 节介绍的方法以外，还可以在两位数乘法口算基本公式的基础上，结合所谓的虚拟进位法来减小在计算过程中所出现的数。

例如，为了计算 38×23，可将 38 中的大数字 8 提前进位，十位数变成 4，个位数变成−2（因为 8−10=−2）。因此，可以将 38 改写成(4,−2)。接下来利用两位数乘法口算基本公式计算乘积(4,−2)×23：

$$
\begin{array}{ccc}
 & 4 & -2 \\
\times & 2 & 3 \\
\hline
4\times2 & 4\times3-2\times2 & -2\times3 \\
\hline
8 & 8 & -6 \\
\hline
8 & 7 & 4
\end{array}
$$

可见，38×23=874。以上算法的道理十分清楚，就是将个位上含有大数字的因子 38 提前进位，改写成(4,−2)后，利用本章第 1 节介绍的乘法口算基本公式即可，即头头相乘得头，尾尾相乘得尾，交叉乘积放中间。按照这样的方法进行笔算倒好，而在用其进行心算时，还有一些需要改进的地方。

将 38 变成(4,−2)，虽然好理解，但是增加了记忆的负担，尤其是在将该方法推广到多位数相乘的时候。为此，我们将 38 提前进位后记为 3_18，实际上就是 48。不要改写个位数，仅仅在十位数的右下角标注一个 1 以示进位。我们将这样的进位方法叫作虚拟进位法。在计算个位数乘积的时候，注意$(-2)\times3=(8-10)\times3=8\times3-30$。这可以理解为首先将 8 与 3 直接相乘，然后按照小数字 3 进行退位。我们将数字之间的这种乘法叫作退位积。在计算交叉乘积 $4\times3-2\times2$ 时，一部分是 4×3，是小数字直接相乘，而另一部分则是退位积，即$-2\times2=(8-10)\times2=8\times2-20$。

通过上述分析，我们看到在进行虚拟进位之后仍然采用乘法口算基本公式，但要注意一些变化，即凡是涉及个位上有大数字的乘积时，都要按照退位积进行计算。据此，我们将前面的竖式修改成：

	3_1	8
×	2	3
4×2	$4\times3+2\times8-20$	$8\times3-30$
8	8	$4-10$
8	7	4

因此，$38\times23=874$。上述计算在心中完成即可。由于位数并不多，无论从高位、低位还是中间位算起都是可以的。不过，我们建议的顺序是：中、头、尾。

再看一个例子。为了计算 59×42，我们可以事先对 59 进行虚拟进位，然后结合退位积进行计算。

	5_1	9
×	4	2
6×4	$6\times2+9\times4-40$	$9\times2-20$
24	8	$8-10$
24	7	8

可见，$59\times42=2478$。注意，其中的 6×2 依然运用了直接乘法，如果要使用退位积的话，就必须按照“头大尾前移”规则用头头乘积 6×4 加上小尾巴 2。

	5_1	9
×	4	2
$6\times4+2$	$-4\times2-1\times4$	-1×2
$24+2$	-12	$8-10$
24	7	8

我们看到，此时交叉乘积中两次出现了退位积。因此，对于虚拟进位导致的大头，既可以用也可以不用“头大尾前移”规则。

本节要点总结为后一大型乘法口算秘诀：

针对个位上的大数字进行虚拟进位	
头头直接相乘得头	出现大头时，既可以用也可以不用“头大尾前移”规则
尾尾相乘得尾	涉及个位上有大数字的乘积时用退位积
交叉乘积放中间	

要熟练地掌握后一大型乘法口算秘诀，必须进行一定量的训练。注意，在做下列练习题时只能进行口算，不可以使用任何计算工具。

练习题

口算下列乘积：

（1）28×12；

（2）39×22；

（3）27×13；

（4）46×23；

（5）24×36；

（6）26×54；

（7）29×35；

（8）56×34；

（9）17×35；

（10）26×41；

（11）49×34；

（12）48×54。

练习题答案：（1）336；（2）858；（3）351；（4）1058；（5）864；（6）1404；（7）1015；（8）1904；（9）595；（10）1066；（11）1666；（12）2592。你算对了吗？用时多少？

第 5 节　大大小小型乘法速算秘诀

所谓大大小小型就是在用来做乘法运算的两个两位数中，一个全部由大数字 6、7、8 或 9 组成，而另一个全部由 1、2、3、4 或 5 等小数字组成。比如，78×32 就属于大大小小型乘积，其中 7、8 是大数字，3、2 是小数字。本节介绍大大小小型乘积的速算秘诀。

对于大大小小型乘积，除了可以采用本章第 1 节介绍的方法外，还可以在乘法口算基本公式（口诀）的基础上，采用适当的方式减小在计算过程中所出现的数。

例如，为了计算 78×32，可将 78 中的大数字 8 提前进位，此时十位数变成 8，个位数变成 −2（因为 8−10=−2）。因此，可以将 78 改写成(8,−2)。下面利用类似于普通乘法竖式的算式计算乘积(8,−2)×32。

	8	−2
×	3	2
	8×2	−2×2
8×3	−2×3	
8×3	8×2−2×3	−2×2
24	10	−4
24	9	6

可见，78×32=2496。以上算法的道理十分清楚，就是将含有大数字的因子 78 提前进位，从而将其改写成(8,−2)，然后利用本章第 1 节介绍的乘法口算基本公式，

即头头相乘得头，尾尾相乘得尾，交叉乘积放中间。按照这样的方法进行笔算倒好，在进行心算时还有一些需要改进的地方。

将 78 变成(8,−2)，虽然好理解，但是增加了记忆的负担，尤其是在将该方法推广到多位数乘法的时候。为此，我们采用虚拟进位法，将 78 提前进位后记为 7_18，实际上就是 88。也就是说，不要改写个位数，仅仅在十位数的右下角标注 1 以示进位。在计算个位数乘积的时候，注意$(-2)\times2=(8-10)\times2=8\times2-20$。这可以理解为首先将 8 与 2 直接相乘，然后按照小数字 2 进行退位。在交叉乘积 $8\times2-2\times3$ 中，8×2 这一部分是直接乘积，而另一部分$-2\times3=(8-10)\times3=8\times3-30$ 可以理解为 8 与 3 的退位积。因此，在进行虚拟进位之后，再利用乘法口算基本公式进行计算，即头头相乘得头，尾尾相乘得尾，交叉乘积放中间。不过要注意，凡是对于个位上的大数字参与的乘积，都要按照退位积进行计算。据此，将上述竖式修改成：

$$
\begin{array}{ccc}
 & 7_1 & 8 \\
\times & 3 & 2 \\
\hline
8\times3 & 8\times2+3\times8-30 & 8\times2-20 \\
\hdashline
24 & 10 & 6-10 \\
\hline
24 & 9 & 6
\end{array}
$$

上述计算过程可以在心中完成，这就是大大小小型乘法速算方法。由于位数并不多，无论从高位、低位或中间位算起都是可以的。不过，我们建议的顺序是：中、头、尾。

再看一个例子。为了计算 69×25，可以事先对 69 进行虚拟进位，然后结合退位积进行计算。

$$
\begin{array}{ccc}
 & 6_1 & 9 \\
\times & 2 & 5 \\
\hline
7\times2 & 7\times5+9\times2-20 & 9\times5-50 \\
\hdashline
14 & 33 & 5-10 \\
\hline
17 & 2 & 5
\end{array}
$$

可见，$69\times25=1725$。注意，其中的 7×5 依然运用了直接乘法，如果要使用退位积的话，就必须按照“头大尾前移”规则将头头乘积 7×2 加上其交叉对应的小尾巴 5。

$$
\begin{array}{ccc}
 & 6_1 & 9 \\
\times & 2 & 5 \\
\hline
7\times2+5 & -3\times5-1\times2 & -1\times5 \\
\hdashline
19 & -17 & 5-10 \\
\hline
17 & 2 & 5
\end{array}
$$

我们看到此时交叉乘积中出现了两个退位积。因此，对于大头，可以采用直接乘积，也可根据“头大尾前移”规则来进一步简化交叉乘积。

本节要点总结为以下大大小小型乘法口算秘诀：

针对个位数上的大数字进行虚拟进位	
头头直接相乘得头	头大尾前移
尾尾相乘得尾	退位积
交叉乘积放中间	

要熟练地掌握大大小小型乘法口算秘诀，必须进行一定量的训练。注意，在做下列练习题时只能进行口算，不可以使用任何计算工具。

练习题

口算下列乘积：

（1）78×12；

（2）89×22；

（3）97×14；

（4）86×23；

（5）24×96；

（6）76×54；

（7）89×35；

（8）66×34；

（9）77×35；

（10）88×41；

（11）79×34；

（12）98×54。

练习题答案：（1）936；（2）1958；（3）1358；（4）1978；（5）2304；（6）4104；（7）3115；（8）2244；（9）2695；（10）3608；（11）2686；（12）5292。你算对了吗？用时多少？

第6节　大小大小型乘法速算秘诀

所谓大小大小型，就是用来做乘法运算的两个两位数的十位数都是6、7、8或9等大数字，而个位数都是1、2、3、4或5等小数字。比如，82×93就属于大小大小型，其中十位数8、9都是大数字，而个位数2、3都是小数字。本节介绍大小大小型乘积的速算秘诀。

对于大小大小型乘积，除了可以采用本章第1节介绍的方法外，还可以在乘法口算基本公式的基础上，通过适当的方式减小在计算过程中所出现的数。

例如，为了计算82×93，可以采用类似于普通乘法竖式的算式：

	8	2
×	9	3
	8×3	2×3
8×9	2×9	
8×9	8×3+2×9	2×3

可见，头头相乘得头，尾尾相乘得尾，交叉乘积放中间，这就是本章第1节所介绍的乘法口算基本方法。按照这样的方法进行笔算倒好，但在进行心算时还有一些需要改进的地方。

为了减小交叉乘积，我们可以对其中的两个乘积都采用退位积，同时根据“头大尾前移”规则，用头头乘积加上两个个位数。因为头8大，所以交叉乘积中8所对应的小尾巴 3 要前移，即头头乘积 8×9 要加上 3。与此同时，为了维持平衡，8×3 要减去 30，变成 $8\times3-30=(8-10)\times3=-2\times3$。也就是说，$8\times3$ 要变成退位积。类似地，因为头 9 大，所以交叉乘积中 9 所对应的小尾巴 2 要前移，即头头乘积 8×9 要加上 2。与此同时，为了维持平衡，9×2 要减去 20，变成 $9\times2-20=(9-10)\times2=-1\times2$。也就是说，$9\times2$ 要变成退位积。将上述两部分合起来看，就是头头乘积 8×9 要加上 3 和 2 两个小尾巴。同时，交叉乘积中的数字乘法全都变成退位积。经过这样的修改之后，算式变为：

$$\begin{array}{ccc} & 8 & 2 \\ \times & 9 & 3 \\ \hline 8\times9+2+3 & -2\times3-1\times2 & 2\times3 \\ \hline 77 & -8 & 6 \\ \hline 76 & 2 & 6 \end{array}$$

因此，$82\times93=7626$。上述计算过程可以在心中完成，这就是大小大小型乘法速算方法。

再看一个例子。为了计算 65×74，我们可根据“头大尾前移”规则并结合退位积进行计算。

$$\begin{array}{ccc} & 6 & 5 \\ \times & 7 & 4 \\ \hline 6\times7+5+4 & -4\times4-3\times5 & 5\times4 \\ \hline 51 & -31 & 20 \\ \hline 48 & 1 & 0 \end{array}$$

可见，$65\times74=4810$。注意，其中的头头乘积 6×7 加上了两个小尾巴 5 和 4，交叉乘积中两次使用了退位积。

本节要点总结为以下大小大小型乘法口算秘诀：

头头相乘+两个尾=头	头大尾前移
尾尾相乘=尾	
交叉乘积放中间	退位积

要熟练地掌握大小大小型乘法口算秘诀，必须进行一定量的训练。注意，在做下列练习题时只能进行口算，不可以使用任何计算工具。

练习题

口算下列乘积：

（1）71×82；

（2）82×92；

（3）91×74；

（4）82×63；

（5）64×92；

（6）75×64；

（7）83×95；

（8）63×64；

（9）73×75；

（10）84×81；

（11）75×93；

（12）94×85。

练习题答案：（1）5822；（2）7544；（3）6734；（4）5166；（5）5888；（6）4800；（7）7885；（8）4032；（9）5475；（10）6804；（11）6975；（12）7990。你算对了吗？用时多少？

第7节　小大小大型乘法速算秘诀

所谓小大小大型，就是用来做乘法运算的两个两位数的十位数都是1、2、3、4或5等小数字，而个位数都是6、7、8或9等大数字。比如，28×39就属于小大小大型，其中十位数2、3都是小数字，而个位数8、9都是大数字。本节介绍小大小大型乘积的速算秘诀。

对于小大小大型乘积，除了可以采用本章第 1 节介绍的方法外，还可以在乘法口算基本公式的基础上，通过适当的方式减小在计算过程中所出现的数。

例如，为了计算 28×39，首先可以通过进位，将 28 变成(3,−2)，将 39 变成(4,−1)，然后利用类似于普通乘法竖式的算式进行计算。

$$
\begin{array}{cccc}
 & 3 & & -2 \\
\times & 4 & & -1 \\
\hline
 & 3\times(-1) & & (-2)\times(-1) \\
3\times4 & (-2)\times4 & & \\
\hline
3\times4 & 3\times(-1)+(-2)\times4 & & 2\times1
\end{array}
$$

可见，头头相乘得头，尾尾相乘得尾，交叉乘积放中间，这就是本章第 1 节所介绍的乘法口算基本方法。按照这样的方法进行笔算倒好，但是如果用其进行心算的话，还有一些需要改进的地方。

将 28 变成(3,−2)，虽然好理解，但是增加了记忆的负担，尤其是在将该方法推广到多位数相乘的时候。为此，我们采用虚拟进位法，将 28 提前进位后记为 2_18，实际上就是 38。在计算交叉乘积 $3\times(-1)+(-2)\times4$ 时，其中的 $3\times(-1)=3\times(9-10)=3\times9-30$，这可以理解为将 9 与 3 直接相乘，然后按照小数字 3 进行退位，这叫作 9 与 3 的退位积。同理，$(-2)\times4=(8-10)\times4=8\times4-40$，这可以理解为 8 与 4 的退位积。

回想补数的概念，若两个数的和等于 10，则这两个数（关于 10）互补，或者说其中的一个数是另一个数（关于 10）的补数。比如，8 的补数是 2，9 的补数是 1。现在观察个位数的乘积 $(-2)\times(-1)=2\times1$，实际上就是 8 的补数与 9 的补数的乘积，我们称之为 8 与 9 的补积。因此，在利用上述方法计算小大小大型乘积的时候，尾巴的乘积实际上等于原先的个位数的补积。

通过上述分析，我们看到，为了计算小大小大型乘积，在进行虚拟进位之后利用乘法口算基本公式时，要注意一些变化，交叉乘积中的乘法要全部变成退位积，而尾尾相乘要变成补积。据此，我们将前面的竖式修改成：

	2_1	8
×	3_1	9
3×4	$3\times(-1)+(-2)\times4$	2×1
12	-11	2
10	9	2

因此，28×39=1092。上述计算在心中完成即可。由于位数并不多，无论从高位、低位或中间位算起都是可以的。不过，我们建议的顺序是：中、头、尾。

再看一个例子。为了计算 56×47，我们可以采用虚拟进位法，并结合退位积、补积进行计算。

	5_1	6
×	4_1	7
6×5	$6\times(-3)+5\times(-4)$	4×3
30	-38	12
26	3	2

可见，56×47=2632。注意，其中的尾尾积采用了补积，交叉乘积中两次采用了退位积。

本节要点总结为以下小大小大型乘法口算秘诀：

针对个位上的大数字进行虚拟进位	
头头相乘得头	直接乘
尾尾相乘得尾	使用补积
交叉乘积放中间	全部使用退位积

要熟练地掌握小大小大型乘法口算秘诀，必须进行一定量的训练。注意，在做下列练习题时只能进行口算，不可以使用任何计算工具。

练习题

口算下列乘积：

（1）17×28；

（2）38×29；

（3）19×47；

（4）28×36；

（5）46×29；

（6）57×46；

（7）38×59；

（8）36×46；

（9）37×57；

（10）48×18；

（11）57×39；

（12）49×58。

练习题答案：（1）476；（2）1102；（3）893；（4）1008；（5）1334；（6）2622；（7）2242；（8）1656；（9）2109；（10）864；（11）2223；（12）2842。你算对了吗？用时多少？

第 8 节　大小小大型乘法速算秘诀

所谓大小小大型，就是在用来做乘法运算的两个两位数中，一个两位数的十位数是 6、7、8 或 9 等大数字，个位数是 1、2、3、4 或 5 等小数字，而另一个则相反，即十位数是非零的小数字，个位数是大数字。比如，82×39 就属于大小小大型，其中 2、3 是小数字，而 8、9 是大数字。本节介绍大小小大型乘积的速算秘诀。

对于大小小大型乘积，除了可以采用本章第 1 节介绍的方法外，还可以在乘法口算基本公式的基础上，通过适当的方式减小在计算过程中所出现的数。

例如，为了计算 82×39，首先可以通过进位，将 39 变成$(4,-1)$，然后利用类似于普通乘法竖式的算式进行计算。

$$
\begin{array}{ccc}
 & 8 & 2 \\
\times & 4 & -1 \\
\hline
 & 8\times(-1) & 2\times(-1) \\
8\times4 & 2\times4 & \\
\hline
8\times4 & 8\times(-1)+2\times4 & 2\times(-1)
\end{array}
$$

可见，头头相乘得头，尾尾相乘得尾，交叉乘积放中间，这就是本章第 1 节所介绍的乘法口算基本方法，不过其中出现了负数。如果按照如上步骤进行心算的话，那么还有一些需要改进的地方。

将 39 变成(4,−1)，虽然好理解，但是增加了记忆的负担，尤其是在将该方法推广到多位数相乘的时候。为此，我们采用虚拟进位法，将 39 提前进位后记为 3_19，实际上就是 49。在计算交叉乘积时，$8\times(-1)=8\times(9-10)=8\times9-80$，这可以理解为首先将 9 与 8 直接相乘，然后按照其中较小的数 8 进行退位，这叫作 9 与 8 的退位积。同理，尾尾乘积为 $2\times(-1)=2\times(9-10)=2\times9-20$，这是 2 与 9 的退位积。

由于 8 是一个大头，在交叉乘积中它所对应的小尾巴为−1。如果按照“头大尾前移”规则将−1 加在头头乘积上，那么为了保持平衡，在交叉乘积中就应该加上 10。现在观察 8 与 9 在交叉乘积中所对应的项 $8\times(-1)+10=(8-10)\times(9-10)=(-2)\times(-1)=2\times1$，这实际上就是 8 与 9 的补积。因此，在进行虚拟进位以及利用“头大尾前移”规则之后，交叉乘积中两个大数字的乘积变成了其补积，两个小数字的乘积还是普通乘积，而大尾小尾的乘积变成了退位积。据此，我们将前面的竖式修改成：

$$
\begin{array}{ccc}
 & [8] & 2 \\
\times & 3_1 & 9 \\
\hline
8\times4+(-1) & 2\times1+2\times4 & 2\times(-1) \\
\hline
31 & 10 & -2 \\
\hline
31 & 9 & 8
\end{array}
$$

因此，$82\times39=3198$。其中大头 8 加了方括号，它在交叉乘积中所对应的是大数字 9，相应的小尾巴被认为是 $9-10=-1$，因此头头乘积 8×4 要加上交叉小尾

巴 -1，交叉乘积中的 8×9 是两个大数字相乘，变成了补积，2×4 是两个小数字直接相乘，小尾巴 2 与大尾巴 9 是一小一大，其乘积变为退位积 $2\times(-1)$。

上述计算在心中完成即可。由于位数并不多，无论从高位、低位或中间位算起都是可以的。不过，我们建议的顺序是：头、中、尾。

再看一个例子。为了计算 65×47，我们可以采用虚拟进位法，并结合“头大尾前移”规则、退位积和补积等进行计算。

	[6]	5
×	4_1	7
$6\times5+(-3)$	$4\times3+5\times5$	$5\times(-3)$
$30-3$	37	-15
30	5	5

可见，$65\times47=3055$。注意，头头乘积中加上了大头[6]所对应的小尾巴 $7-10=-3$，交叉乘积中采用了补积与直接乘积，而尾尾乘积则采用了退位积。

本节要点总结为以下大小小大型乘法口算秘诀：

针对个位上的大数字进行虚拟进位	
头头直接相乘+大头的交叉小尾巴=头	采用“头大尾前移”规则
尾尾相乘得尾	采用退位积
交叉乘积放中间	采用补积与直接乘积

要熟练地掌握大小小大型乘法口算秘诀，必须进行一定量的训练。注意，在做下列练习题时只能进行口算，不可以使用任何计算工具。

练习题

口算下列乘积：

（1）71×28；

（2）83×29；

（3）91×47；

（4）82×36；

（5）64×29；

（6）75×46；

（7）38×95；

（8）36×64；

（9）37×75；

（10）48×81；

（11）75×39；

（12）49×85。

练习题答案：（1）1988；（2）2407；（3）4277；（4）2952；（5）1856；（6）3450；（7）3610；（8）2304；（9）2775；（10）3888；（11）2925；（12）4165。你算对了吗？用时多少？

第9节　前一小型乘法速算秘诀

所谓前一小型，就是在用来做乘法运算的两个两位数中，只有一个数的十位数是1、2、3、4或5等小数字，而其他数字都是6、7、8或9等大数字。比如，28×79就属于前一小型，其中只有2是小数字，而7、8、9都是大数字。本节介绍前一小型乘积的速算秘诀。

对于前一小型乘积，除了可以采用本章第1节介绍的方法外，还可以在乘法口算基本公式的基础上，通过适当的方式减小在计算过程中所出现的数。

为了计算28×79，首先可以通过进位将28变成(3,−2)，将79变成(8,−1)，然后利用类似于普通乘法竖式的算式进行计算。

	3	−2
×	8	−1
	3×(−1)	(−2)×(−1)
3×8	(−2)×8	
3×8	3×(−1)+(−2)×8	(−2)×(−1)

可见，头头相乘得头，尾尾相乘得尾，交叉乘积放中间，这就是本章第 1 节介绍的乘法口算基本方法，不过其中出现了一些负数。如果按照如上步骤进行心算的话，那么还有一些需要改进的地方。

将 28 变成$(3,-2)$，79 变成$(8,-1)$，虽然好理解，但是增加了记忆的负担，尤其是在将该方法推广到多位数相乘的时候。为此，我们按照虚拟进位法，将 28 提前进位后记为 2_18，79 记为 7_19。在计算交叉乘积时，$3\times(-1)=3\times(9-10)=3\times9-30$，这可以理解为将 9 与 3 直接相乘后按照其中较小的数 3 进行退位，这叫作 9 与 3 的退位积。

注意，在交叉乘积中还有另外一项$(-2)\times8$，虽然可以按照退位积来理解，但是由于这里还有一个大数 8，我们可以进一步将其简化。注意，$(-2)\times8=(-2)\times(8-10+10)=(-2)\times(-2)+(-2)\times10$，其中$(-2)\times10$ 相当于进位-2，也就是在头头乘积中加上-2。由于大头 8 在交叉乘积中所对应的是大尾巴 8，或者说是小尾巴-2（因为 $8-10=-2$），前面所做的事情刚好就是把大头 8 所对应的小尾巴加到了头头乘积中。在经过这种“头大尾前移”之后，交叉乘积中的$(-2)\times8$ 就变成了$(-2)\times(-2)$。

现在观察 8×8 在交叉乘积中所对应的项$(-2)\times(-2)=2\times2$，这实际上就是 8 的补数与 8 的补数的乘积，我们称之为 8 与 8 的补积。因此，在虚拟进位以及利用“头大尾前移”规则之后，头与头的乘积还是普通乘积，不过要加上大头所对应的小尾巴，交叉乘积中小数字与大数字的乘积变成退位积，两个大数字的乘积变成补积，而大尾巴与大尾巴的乘积也变成补积。据此，我们将前面的竖式修改成如下简便的算式：

$$
\begin{array}{ccc}
 & 2_1 & 8 \\
\times & [7_1] & 9 \\
\hline
3\times8+(-2) & 3\times(-1)+2\times2 & 2\times1 \\
\hline
22 & 1 & 2
\end{array}
$$

因此，得到 $28\times79=2212$。其中，大头$[7_1]=[8]$（这里的方括号表示“大头”），它所对应的是大尾巴 8，相应的小尾巴是-2（因为 $8-10=-2$），因此头头乘积 3×8 要加上小尾巴-2。交叉乘积中的 8×8 是两个大数字相乘，现在变成了补积 2×2，而小数字 3 与大数字 9 的乘积 3×9 变成了退位积 $3\times(-1)$，两个大尾巴的乘积 8×9

变成了补积 2×1。

上述计算在心中完成即可。由于位数并不多，无论从高位、低位或中间位算起都是可以的。不过，我们建议的顺序是：头、中、尾。

下面再看两个例子。为了计算 97×38，我们可以采用虚拟进位法，并结合“头大尾前移”规则、退位积、补积等进行计算。

$$
\begin{array}{ccc}
 & [9_1] & 7 \\
\times & 3_1 & 8 \\
\hline
10\times4+(-2) & 0\times2+4\times(-3) & 3\times2 \\
\hline
38 & -12 & 6 \\
\hline
36 & 8 & 6
\end{array}
$$

可见，$97\times38=3686$。注意，头头乘积中加上了大头 $[9_1]$ 所对应的小尾巴 -2，交叉乘积中采用了 10 与 8 的补积 0×2 以及 4 与 7 的退位积 $4\times(-3)$，而尾尾乘积则采用了 7 与 8 的补积 3×2。

下面给出最后一个例子，其中虚拟进位导致了新大头的出现。为了计算 87×59，我们可以采用虚拟进位法并结合“头大尾前移”规则、退位积、补积等进行计算。

$$
\begin{array}{ccc}
 & [8_1] & 7 \\
\times & [5_1] & 9 \\
\hline
9\times6+(-3)+(-1) & 1\times1+3\times4 & 3\times1 \\
\hline
50 & 13 & 3 \\
\hline
51 & 3 & 3
\end{array}
$$

可见，$87\times59=5133$。注意，头头乘积中加上了大头 $[8_1]$ 和 $[5_1]$ 所对应的小尾巴 -1 和 -3，交叉乘积中采用了 9 与 9 的补积 1×1 以及 6 与 7 的补积 4×3，而尾尾乘积则采用了 7 与 9 的补积 3×1。

本节要点总结为以下前一小型乘法口算秘诀：

对两个乘数都进行虚拟进位	
头头直接相乘+大头所对应的小尾巴=头	采用“头大尾前移”规则
尾尾相乘得尾	采用补积
交叉乘积放中间	采用补积与退位积

要熟练地掌握前一小型乘法口算秘诀，必须进行一定量的训练。注意，在做下列练习题时只能进行口算，不可以使用任何计算工具。

练习题

口算下列乘积：

（1）28×77；

（2）29×88；

（3）17×99；

（4）36×87；

（5）29×68；

（6）46×96；

（7）89×59；

（8）69×58；

（9）78×38；

（10）48×86；

（11）78×49；

（12）67×59。

练习题答案：（1）2156；（2）2552；（3）1683；（4）3132；（5）1972；（6）4416；（7）5251；（8）4002；（9）2964；（10）4128；（11）3822；（12）3953。你算对了吗？用时多少？

第 10 节　后一小型乘法速算秘诀

所谓后一小型，就是在用来做乘法运算的两个两位数中，只有一个数的个位数是 1、2、3、4 或 5 等小数字，而其他数字都是 6、7、8 或 9 等大数字。比如，82×67 就属于后一小型，其中只有一个数字 2 是小数字，而 6、7、8 都是大数字。本节介绍后一小型乘积的速算秘诀。

对于后一小型乘积，除了可以采用本章第 1 节介绍的方法外，还可以在乘法口算基本公式的基础上，采用适当的方式减小在计算过程中所出现的数。

例如，为了计算 82×67，首先可以通过进位将 67 变成$(7,-3)$，然后利用类似于普通乘法竖式的算式进行计算。

$$
\begin{array}{ccc}
 & 8 & 2 \\
\times & 7 & -3 \\
\hline
 & 8\times(-3) & 2\times(-3) \\
8\times7 & 2\times7 & \\
\hline
8\times7 & 8\times(-3)+2\times7 & 2\times(-3)
\end{array}
$$

可见，头头相乘得头，尾尾相乘得尾，交叉乘积放中间，这就是本章第 1 节所介绍的乘法口算基本公式（口诀），不过其中出现了一些负数。为了进行心算，我们需要做进一步的分析。

将 67 变成$(7,-3)$，虽然好理解，但是增加了记忆的负担，尤其是在将该方法推广到多位数相乘的时候。为此，我们将 67 提前进位后记为 $6_{1}7$，这叫作虚拟进位。个位数的乘积为 $2\times(-3)=2\times(7-10)=2\times7-20$，这可以理解为 2 和 7 直接相乘后按照其中较小的数 2 进行退位，我们称之为 2 与 7 的退位积。

在上面的交叉乘积 $8\times(-3)+2\times7$ 中仍然有两个大数字 8 和 7。为了消除这些大数字，我们将它们分别减去 10。首先，$2\times(7-10)=2\times7-20$，这就是 2 与 7 的退位积。由于 2×7 刚好等于上述退位积再加上 20，需要进位 2 到百位上，也就是要在头与头的乘积中加上 2，而后者是大头 7 在交叉乘积中所对应的小尾巴。其次，$8\times(-3)=(8-10+10)\times(-3)=(8-10)\times(-3)+10\times(-3)$，其中 $10\times(-3)$相当于在头头乘积中加上-3。由于大头 9 在交叉乘积中所对应的是大尾巴 7，或者说是小尾巴-3（因为 $7-10=-3$），前面所做的事情刚好就是把大头 9 所对应的小尾巴-3 加到了头头乘积中，也就是对于大头 8 应用了“头大尾前移”规则。对于交叉乘积中的 $8\times(-3)$，根据“头大尾前移”规则将(-3)进位到头头乘积中后，剩下的就是$(8-10)\times(-3)=(8-10)\times(7-10)=(-2)\times(-3)=2\times3$。

现在观察 8 与 7 在交叉乘积中所对应的项$(-2)\times(-3)=2\times3$，这恰好就是 8 的补数与 7 的补数的乘积，我们称之为 8 与 7 的补积。因此，在虚拟进位以及采用“头大尾前移”规则之后，头头乘积还是普通乘积，不过要加上大头对应的两个小尾巴，而交叉乘积中两个大数字的乘积变成了其补积，小数字与大数字的乘积变成了退位积，尾尾乘积也要变成退位积。据此，我们将前面的竖式修改为：

	[8]	2
×	$[6_1]$	7
$8\times7+2+(-3)$	$2\times3+2\times(-3)$	$2\times(-3)$
55	0	−6
54	9	4

因此，得到 $82\times67=5494$。其中，大头[8]（这里的方括号表示“大头”）在交叉乘积中所对应的是大数字 7，相应的小尾巴是−3（因为 $7-10=-3$），因此头头乘积 8×7 要加上−3；大头$[6_1]=[7]$所对应的是小尾巴 2，因此头头乘积 8×7 还要加上 2；交叉乘积中的 8×7 是两个大数字相乘，变成了补积 2×3，而小数字与大数字的乘积 2×7 变成了退位积 $2\times(-3)$；小尾巴 2 与大尾巴 7 的乘积也变成退位积 $2\times(-3)$。

上述计算在心中完成即可。由于位数并不多，无论从高位、低位或中间位算起都是可以的。不过，我们建议的顺序是：头、中、尾。

最后再看一个例子。为了计算 89×83，我们可以采用虚拟进位法并结合“头大尾前移”规则、退位积、补积等进行计算。

	$[8_1]$	9
×	8	3
$9\times8+(-1)+3$	$(-1)\times3+1\times2$	$(-1)\times3$
74	−1	−3
73	8	7

可见，$89\times83=7387$。注意，头头乘积中加上了两个大头所对应的小尾巴−1 与 3，交叉乘积中采用了 9 与 8 的补积 1×2 以及 9 与 3 的退位积$(-1)\times3$，而尾尾乘积也采用了 9 与 3 的退位积。

本节要点总结为以下后一小型乘法口算秘诀：

根据个位上的大数字进行虚拟进位	
头头直接相乘+两个小尾巴=头	采用“头大尾前移”规则
尾尾相乘得尾	采用退位积
交叉乘积放中间	采用补积与退位积

要熟练地掌握后一小型乘法口算秘诀，必须进行一定量的训练。注意，在做下列练习题时只能进行口算，不可以使用任何计算工具。

练习题

口算下列乘积：

（1）82×77；

（2）92×88；

（3）91×99；

（4）63×87；

（5）92×68；

（6）64×96；

（7）89×95；

（8）69×85；

（9）78×83；

（10）84×86；

（11）78×94；

（12）67×95。

练习题答案：（1）6314；（2）8096；（3）9009；（4）5481；（5）6256；（6）6144；（7）8455；（8）5865；（9）6474；（10）7224；（11）7332；（12）6365。你算对了吗？用时多少？

第 11 节　四大型乘法速算秘诀

所谓四大型，就是在用来做乘法运算的两个两位数中，只出现 6、7、8 或 9 等大数字，不出现 1、2、3、4 和 5 等小数字。比如，67×89 就属于四大型，其中所出现的数字 6、7、8、9 都是大数字。本节介绍四大型乘积的速算秘诀。

对于四大型乘积，除了可以采用本章第 1 节介绍的方法外，还可以在乘法口算基本公式的基础上，采用适当的方式减小在计算过程中所出现的数。

例如，为了计算 67×89，首先可以通过进位将 67 变成(7,−3)，89 变成(9,−1)，然后利用类似于普通乘法竖式的算式进行计算。

	7	−3
×	9	−1
	7×(−1)	(−3)×(−1)
7×9	(−3)×9	
7×9	7×(−1)+(−3)×9	3×1

可见，头头相乘得头，尾尾相乘得尾，交叉乘积放中间，这就是本章第 1 节所介绍的乘法口算基本方法，不过其中出现了一些负数。为了进行心算，我们需要做进一步的分析。

67 变成(7,−3)，89 变成(9,−1)，虽然好理解，但是增加了记忆的负担，尤其是在将该方法推广到多位数相乘的时候。为此，我们将 67 提前进位后记为 6_17，将 89 提前进位后记为 8_19，这叫作虚拟进位。

注意，原题中两个数的个位数分别是 7 与 9。观察上述竖式中尾与尾的乘积 $(-3)\times(-1)=3\times1$，这恰好就是 9 的补数与 7 的补数的乘积，我们称之为 9 与 7 的补积。

在上面的交叉乘积 $7\times(-1)+(-3)\times9$ 中仍然有两个大数字。为了消除这些大数字，我们将它们分别减去 10。比如，$(-3)\times9=(-3)\times(9-10+10)=(-3)\times(9-10)+(-3)\times10$，其中$(-3)\times10$ 意味着进位 −3，即在头头乘积中加上 −3。由于大头[8_1]

在交叉乘积中对应的是大尾巴 7，或者说是小尾巴 −3（因为 7−10=−3），因此前面所做的事情刚好就是把大头[9]所对应的小尾巴 −3 加到了头头乘积中。在对大头[9]应用“头大尾前移”规则后，交叉乘积中的(−3)×9 所剩下的部分为(−3)×(9−10)=(−3)×(−1)=3×1，这刚好是 7 与 9 的补积。同理，在对大头$[6_1]$=[7]应用“头大尾前移”规则进位 −1（即退位 1）后，交叉乘积中的 7×(−1)所剩下的部分为(7−10)×(−1)=(−3)×(−1)=3×1，这刚好是 7 与 9 的补积。因此，在虚拟进位以及采用“头大尾前移”规则之后，头头乘积还是普通乘积，不过要加上大头所对应的小尾巴，而交叉乘积中两个大数字的乘积变成其补积，两个大尾巴的乘积也变成补积。据此，我们将前面的竖式修改成如下简便算式：

$$
\begin{array}{ccc}
 & [6_1] & 7 \\
\times & [8_1] & 9 \\
\hline
7\times9+(-1)+(-3) & 3\times1+3\times1 & 3\times1 \\
\hline
59 & 6 & 3
\end{array}
$$

其中，大头$[6_1]$=[7]（这里的方括号表示“大头”）在交叉乘积中所对应的是大尾巴 9，相应的小尾巴是 −1（因为 9−10=−1），因此头头乘积 7×9 要加上小尾巴 −1；大头$[8_1]$=[9]所对应的是大尾巴 7，相应的小尾巴是 −3（因为 7−10=−3），因此头头乘积还要加上 −3；交叉乘积中的 7×9 是两个大数字相乘，变成补积 3×1；两个尾巴 7 和 9 都是大数字，其乘积也变成补积 3×1。最后，得到 67×89=5963。

上述计算在心中完成即可。由于位数并不多，无论从高位、低位或中间位算起都是可以的。不过，我们建议的顺序是：头、中、尾。

下面再看一个例子。为了计算 97×68，我们可以采用虚拟进位法并结合“头大尾前移”规则、补积等进行计算。

$$
\begin{array}{ccc}
 & [9_1] & 7 \\
\times & [6_1] & 8 \\
\hline
10\times7+(-2)+(-3) & 0\times2+3\times3 & 3\times2 \\
\hline
65 & 9 & 6
\end{array}
$$

注意，头头乘积中加上了两个小尾巴 −3 与 −2，交叉乘积和尾尾乘积全都采用补积。可见，97×68=6596。

本节要点总结为以下四大型乘法口算秘诀：

对被乘数与乘数都进行虚拟进位	
头头直接相乘+两个小尾巴=头	采用“头大尾前移”规则
尾尾相乘得尾	采用补积
交叉乘积放中间	采用补积

要熟练地掌握四大型乘法口算秘诀，必须进行一定量的训练。注意，在做下列练习题时只能进行口算，不可以使用任何计算工具。

练习题

口算下列乘积：

（1）88×77；

（2）98×88；

（3）68×99；

（4）67×87；

（5）96×68；

（6）69×96；

（7）89×98；

（8）69×87；

（9）78×89；

（10）87×86；

（11）78×96；

（12）67×96。

练习题答案：（1）6776；（2）8624；（3）6732；（4）5829；（5）6528；（6）6624；（7）8722；（8）6003；（9）6942；（10）7482；（11）7488；（12）6432。你算对了吗？用时多少？

第 12 节　两位数乘法速算综合演练

除了本章第 1 节介绍的两位数乘法速算基本公式以及主部提前进位法外，在前面的其余小节中，我们依据 4 个数字的大小将两位数的乘法分为 10 种不同的类型，分别探讨了相应的速算方法。本节要进行一些梳理和综合演练。

首先，对于两位数，其十位数简称头，个位数简称尾。模仿普通的乘法竖式，很容易得到两位数乘法速算基本公式：

$$
\begin{array}{cccc}
 & A & & B \\
\times & C & & D \\
\hline
A\times C & A\times D+B\times C & & B\times D
\end{array}
$$

相应地，我们有两位数乘法速算基本口诀：头乘头，尾乘尾，交叉乘积放中间。

其次，我们要区分大数字与小数字。本章规定 1、2、3、4 和 5 是小数字，而 6、7、8 和 9 是大数字。所有算法的基本原理都是将大数字减去 10 之后变成带有负号的小数字。相应地，将小数字与大数字的乘积转化为退位积，而将两个大数字的乘积转化成补积。例如，3×8 可转化成 $3\times(8-10)=3\times(-2)$，这是 3 与 8 的退位积，因为它实际上等于直接乘积 3×8 减去 30，即按照 3 与 8 中较小的数字 3 做退位处理。再如，8×7 可转化成$(8-10)\times(7-10)=(-2)\times(-3)=2\times3$，这是 8 与 7 的补积，因为它是 8 的补数 2 与 7 的补数 3 的乘积。一个数（关于 10）的补数就是与它的和等于 10 的数。

无论是被乘数还是乘数，如果其个位数是大数字，就必须提前进位，进位时采用所谓的虚拟进位法，即不要改写个位数，仅仅在十位数的右下角标注一个 1 以示进位。例如，将 47 虚拟进位后得到 4_17（可以读作五七），其实它代表的数为 $50+(7-10)=(5,-3)$。在两位数的乘法心算过程中，大数字 7 要转化成 -3 参与运算，即参与退位积与补积运算。明白了这个道理，就知道没有必要事先将 7 改写成 -3，即尽可能保持与题目的模样一致，这样可以减轻心算过程中的记忆负担。

如果一个两位数的十位数（头）是大数字 A，而其交叉对应的数字（另一个两位数的个位数，即尾）是小数字 d，此时交叉乘积中出现 $A\times d$，而口算时要将大数字 A 化成 $A-10$，因此变成计算乘积 $(A-10)\times d$，这正是 A 与 d 的退位积。由于 $A\times d=(A-10)\times d+d\times 10$，$A\times d$ 与退位积相差了 $d\times 10$，而后者意味着必须将 d 进位，也就是将其加到头与头的乘积之中。我们称此过程为“头大尾前移”。

如果一个两位数的十位数（头）是大数字 A，其交叉对应的数字（另一个两位数的个位数，即尾）是大数字 D，那么根据虚拟进位法，此时大尾巴实际上变成小尾巴 $D-10$，因此交叉乘积中出现 $A\times(D-10)$，而口算时要将大数字 A 化成 $A-10$，于是事情变成了计算以下乘积：$(A-10)\times(D-10)=(10-A)\times(10-D)$，这正是 A 与 D 的补积。由于 $A\times(D-10)=(A-10)\times(D-10)+10\times(D-10)$，$A\times(D-10)$ 与补积相差了 $10\times(D-10)$，而后者意味着必须将 $D-10$ 进位，也就是将其加到头与头的乘积之中。

综合上述两种情况，可以看到所谓“头大尾前移”就是大头交叉对应的小尾巴必须进位（前移），如果对应的是大尾巴，就要通过减去 10 转化成小尾巴，然后再进位（前移）。

我们梳理一下两个两位数乘积的口算过程。如果个位上有大数字的话，就需要进行虚拟进位，即“尾大头更大”。如果头是大数字的话，它交叉对应的小尾巴要加在头头的乘积上，这叫作“头大尾前移”。剩下的事情就是利用两位数乘法速算基本公式，但是需要分清乘积的类型，其基本原则是除了头头乘积以及两个小数字的乘积总是直接乘积外，其余所有的乘积都要转化成小数字的乘积，具体方法是一大一小两个数字的乘积要变成退位积，两个大数字的乘积要变成补积。综上所述，我们概括出如下一般原则：

尾大头更大，头大尾前移
头头直接乘，小小直接积
大小退位积，大大变补积

根据上述原则，我们列出口算两个两位数乘积的流程：（1）若个位上有大数字，则虚拟进位；（2）若十位上有大数字，则标注大头；（3）头头直接相乘放左边，并根据“头大尾前移”规则加上进位；（4）交叉乘积放中间，尾尾相乘放右边，这里的所有乘积都采用退位积或补积。简言之，虚拟进位→基本口诀→头大尾前移→退位积与补积，这就是统一的两位数相乘的速算秘诀。

请看一些例题。

34×32=？答：1088。具体的心算过程如下：

$$34\times32\to(3\times3,\ 3\times2+4\times3,\ 4\times2)\to(9,\ 18,\ 8)\to(10,\ 8,\ 8)\to1088$$

64×23=？答：1472。具体的心算过程如下：

$$64\times23\to(6\times2+3,\ 4\times2-4\times3,\ 4\times3)\to(15,-4,\ 12)\to(14,\ 7,\ 2)\to1472$$

42×39=？答：1638。具体的心算过程如下：

$$42\times39\to(42,\ 49)\to(4\times4,\ 2\times4-1\times4,-1\times2)\to(16,\ 4,-2)\to(16,\ 3,\ 8)\to1638$$

67×32=？答：2144。具体的心算过程如下：

$$67\times32\to([7]7,\ 32)\to(7\times3+2,-3\times3-3\times2,-3\times2)\to(23,-15,-6)\to(21,\ 4,\ 4)\to2144$$

63×72=？答：4536。具体的心算过程如下：

$$63\times72\to(6\times7+3+2,-3\times3-4\times2,\ 3\times2)\to(47,-17,\ 6)\to(45,\ 3,\ 6)\to4536$$

26×38=？答：988。具体的心算过程如下：

$$26\times38\to(36,48)\to(3\times4,-4\times4-2\times3,4\times2)$$
$$\to(12,-22,8)\to(9,8,8)\to988$$

$46\times83=$？答：3818。具体的心算过程如下：

$$46\times83\to(56,[8]3)\to(5\times8-4,4\times2+5\times3,-4\times3)$$
$$\to(36,23,-12)\to(38,1,8)\to3818$$

$77\times82=$？答：6314。具体的心算过程如下：

$$77\times82\to([8]7,82)\to(8\times8+2-3,3\times2-2\times2,-3\times2)$$
$$\to(63,2,-6)\to(63,1,4)\to6314$$

$27\times79=$？答：2133。具体的心算过程如下：

$$27\times79\to(37,[8]9)\to(3\times8-3,3\times2-3\times1,3\times1)$$
$$\to(21,3,3)\to(21,3,3)\to2133$$

$87\times98=$？答：8526。具体的心算过程如下：

$$87\times98\to([9]7,[t]8)\to(9\times10-3-2,1\times2+3\times0,3\times2)$$
$$\to(85,2,6)\to8526$$

注意，这里的 t 代表 10。98 经过虚拟进位后得到 $[9_1]8=[t]8$，因为 $9+1=10$。

本节是对本章内容的概括和总结。本章主要研究两位数乘法速算，基础是两位数乘法速算基本公式。除了直接运用该公式外，还可以配合主部提前进位法和虚拟进位法进行计算，后者通过退位积与补积将大数字化小，具体的心算口诀可以统一为：

> 尾大头更大，头大尾前移
> 头头直接乘，小小直接积
> 大小退位积，大大变补积

我们指出，这两套方法（主部提前进位法和虚拟进位法）不仅适用于两位数乘法口算，而且很容易推广到多位数乘法口算。

要熟练地掌握两位数口算秘诀，必须进行一定量的训练。注意，在做下列练习题时只能进行口算，不可以使用任何计算工具。可以多算几遍，刚开始时可以稍微慢一点，然后逐渐提高速度。

练习题

一、口算下列乘积：

（1）21×13；

（2）44×54；

（3）27×97；

（4）71×23；

（5）23×28；

（6）22×97；

（7）83×92；

（8）84×29；

（9）38×38；

（10）48×88；

（11）84×79；

（12）97×89。

二、自己随机构想两个两位数，然后计算它们的乘积。

练习题答案： 一、（1）273；（2）2376；（3）2619；（4）1633；（5）644；（6）2134；（7）7636；（8）2436；（9）1444；（10）4224；（11）6636；（12）8633。二、略。你算对了吗？用时多少？

第4章 两位数乘多位数速算

你可以口算出 869463853 与 73 的乘积吗？2020 年 8 月 15 日，来自印度的 20 岁的巴努·普拉卡什成为第一个赢得世界心算大赛金牌的亚洲人，也是 23 年来第一个赢得金牌的非欧洲裔选手。他打败了来自 13 个国家的 29 名对手。据报道，面对上述问题，一般人可能还在寻找计算器，然而巴努（被誉为“世界最快人脑计算器”）只花了 26 秒就在脑中算出了正确答案 63470861269。这是不是很神奇？

你是不是也很想像速算达人巴努那样具有神一般的速算能力呢？我们当然无从得知他究竟是怎么进行心算的，因为各位心算大师可能都有自己独到的方法。普遍的速算方法也有很多，比如珠心算、指心算、史丰收速算法等。本章将为你提供一套比较直接的方法，让你能够轻松口算任意两位数与多位数的乘积。

我们在本章中所介绍的方法的基本思路是根据具体的两位数乘数的特点，将乘法转化成被乘数的相邻两三位数之间的适当的加减法运算。在以后的章节中，我们还会提供其他一些系统的方法。

第 1 节　乘法速算基本公式

本节给出多位数乘法速算基本公式，这是乘法口算的基础。

我们从一个简单的例子开始。为了计算乘积 123×45，我们可以列出如下竖式：

$$
\begin{array}{cccc}
 & 1 & 2 & 3 \\
 & \times & 4 & 5 \\
\hline
 & 1\times5 & 2\times5 & 3\times5 \\
1\times4 & 2\times4 & 3\times4 & \\
\hline
1\times4 & 1\times5+2\times4 & 2\times5+3\times4 & 3\times5 \\
\hdashline
4 & 13 & 22 & 15 \\
\hdashline
5 & 5 & 3 & 5
\end{array}
$$

可见，123×45=5535。如果省略上述竖式中两条实线之间的部分以及虚线以下的部分，我们就得到：

$$
\begin{array}{cccc}
 & 1 & 2 & 3 \\
 & \times & 4 & 5 \\
\hline
1\times4 & 1\times5+2\times4 & 2\times5+3\times4 & 3\times5
\end{array}
$$

这表明多位数的头（最高位）和两位数的头相乘得到积的头，尾（最低位）与尾相乘得到积的尾，而积的中间等于依次截取被乘数中的两位数与乘数的交叉乘积的和。我们由此得到两位数乘多位数的速算基本口诀：

头头得头，尾尾得尾，依次交叉乘积放中间

我们可以引入双重线条的括号表示交叉乘积。例如，下述例子分别是长度为 1、2、3 的交叉乘积：

$\begin{bmatrix}\!\begin{bmatrix}2\\3\end{bmatrix}\!\end{bmatrix}=2\times3$，参看下页的图（a）；

$\begin{bmatrix}\!\begin{bmatrix}1&2\\3&4\end{bmatrix}\!\end{bmatrix}=1\times4+2\times3$，参看下页的图（b）；

$\begin{bmatrix}\!\begin{bmatrix}1&2&3\\4&5&6\end{bmatrix}\!\end{bmatrix}=1\times6+2\times5+3\times4$，参看下页的图（c）。

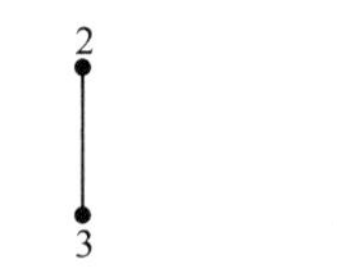

（a）长度为1的交叉乘积

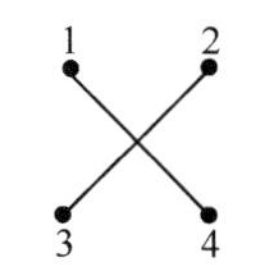

（b）长度为2的交叉乘积

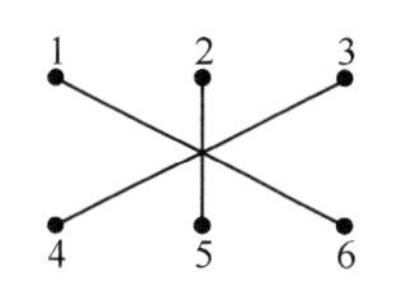

（c）长度为3的交叉乘积

采用交叉乘积的上述记号，本节开头的例子可以写成：

$$\left[\!\!\left[\begin{matrix}123\\45\end{matrix}\right]\!\!\right]=\left(\left[\!\!\left[\begin{matrix}1\\4\end{matrix}\right]\!\!\right],\left[\!\!\left[\begin{matrix}1&2\\4&5\end{matrix}\right]\!\!\right],\left[\!\!\left[\begin{matrix}2&3\\4&5\end{matrix}\right]\!\!\right],\left[\!\!\left[\begin{matrix}3\\5\end{matrix}\right]\!\!\right]\right)。$$

这是乘法速算基本公式的一个例子，可以对照下面的图（a）来理解。

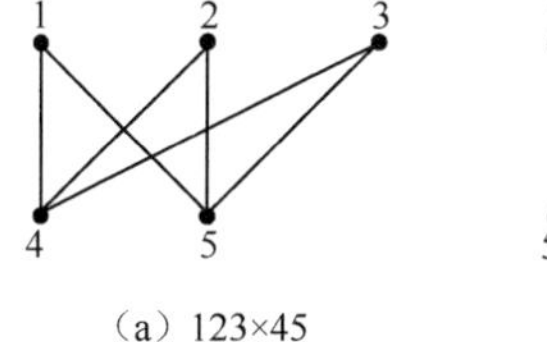

（a）123×45

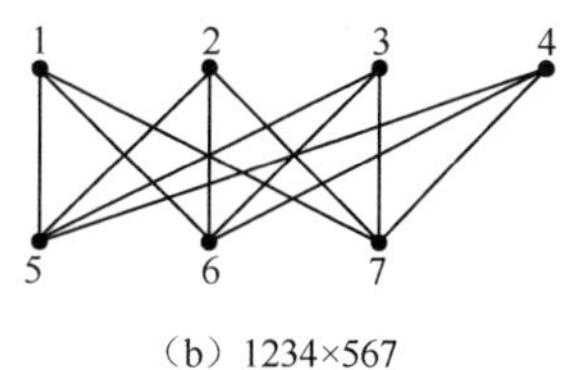

（b）1234×567

一般地，我们得到任意两个多位数的乘法速算基本公式：

设 $m \geqslant n$，则 $\left[\!\!\left[\begin{matrix}a_1a_2a_3\cdots a_m\\b_1b_2b_3\cdots b_n\end{matrix}\right]\!\!\right]=\left(\left[\!\!\left[\begin{matrix}a_1\\b_1\end{matrix}\right]\!\!\right],\left[\!\!\left[\begin{matrix}a_1&a_2\\b_1&b_2\end{matrix}\right]\!\!\right],\left[\!\!\left[\begin{matrix}a_1&\cdots&a_n\\b_1&\cdots&b_n\end{matrix}\right]\!\!\right],\left[\!\!\left[\begin{matrix}a_2&\cdots&a_{n+1}\\b_1&\cdots&b_n\end{matrix}\right]\!\!\right],\cdots,\right.$

$$\left.\left[\!\!\left[\begin{matrix}a_{m-n+1}&\cdots&a_m\\b_1&\cdots&b_n\end{matrix}\right]\!\!\right],\left[\!\!\left[\begin{matrix}a_{m-n+2}&\cdots&a_m\\b_2&\cdots&b_n\end{matrix}\right]\!\!\right],\cdots,\left[\!\!\left[\begin{matrix}a_{m-1}&a_m\\b_{n-1}&b_n\end{matrix}\right]\!\!\right],\left[\!\!\left[\begin{matrix}a_m\\b_n\end{matrix}\right]\!\!\right]\right)$$

公式中就是一些从左往右不断推进的交叉乘积，开始时的交叉乘积最短，越往中间越长，达到最大长度 n 之后，维持该长度并不断往右推进。抵达被乘数的最后一位后，交叉乘积不断缩短。例如，为了计算 1234×567，参看上面的图（b），由乘法速算基本公式可得：

$$\left[\!\!\left[\begin{matrix}1234\\567\end{matrix}\right]\!\!\right]=\left(\left[\!\!\left[\begin{matrix}1\\5\end{matrix}\right]\!\!\right],\left[\!\!\left[\begin{matrix}1&2\\5&6\end{matrix}\right]\!\!\right],\left[\!\!\left[\begin{matrix}1&2&3\\5&6&7\end{matrix}\right]\!\!\right],\left[\!\!\left[\begin{matrix}2&3&4\\5&6&7\end{matrix}\right]\!\!\right],\left[\!\!\left[\begin{matrix}3&4\\6&7\end{matrix}\right]\!\!\right],\left[\!\!\left[\begin{matrix}4\\7\end{matrix}\right]\!\!\right]\right)。$$

由于任何数与0相乘还是0，我们可以通过补充0将上述公式中等号右端的所有交叉乘积都扩充成长度为3的交叉乘积。于是，上式可以重新写成：

$$\begin{bmatrix}1234\\567\end{bmatrix}=\left(\begin{bmatrix}0&0&1\\5&6&7\end{bmatrix},\begin{bmatrix}0&1&2\\5&6&7\end{bmatrix},\begin{bmatrix}1&2&3\\5&6&7\end{bmatrix},\begin{bmatrix}2&3&4\\5&6&7\end{bmatrix},\begin{bmatrix}3&4&0\\5&6&7\end{bmatrix},\begin{bmatrix}4&0&0\\5&6&7\end{bmatrix}\right)。$$

这相当于在被乘数的首尾各补充两个0，得到0012345600，然后从中依次截取连续的三位与乘数做交叉乘积运算。

可以直接用乘法速算基本公式口算多位数与两位数的乘积。例如，对于上述的123×45，可以按以下方法进行口算：

$$\begin{bmatrix}123\\45\end{bmatrix}=\left(\begin{bmatrix}1\\4\end{bmatrix},\begin{bmatrix}1&2\\4&5\end{bmatrix},\begin{bmatrix}2&3\\4&5\end{bmatrix},\begin{bmatrix}3\\5\end{bmatrix}\right)$$
$$\to(4,13,22,15)\to(5,5,3,5)\to5535$$

可见，123×45=5535。

为了简化交叉乘积的计算，可以采用主部提前进位法，有关理论可以参看上一章第1节的有关内容。例如，为了计算245×67，根据乘法速算基本公式，我们有 $\begin{bmatrix}245\\67\end{bmatrix}=\left(\begin{bmatrix}2\\6\end{bmatrix},\begin{bmatrix}2&4\\6&7\end{bmatrix},\begin{bmatrix}4&5\\6&7\end{bmatrix},\begin{bmatrix}5\\7\end{bmatrix}\right)$。在第一个长度为2的交叉乘积中，2×7=14的主部为15，4×6=24 的主部为 25，因此主部和为15+25=40，这意味着百位需要向千位进位4。类似地，对于下一位，主部和为30+30=60，这意味着十位需要向百位进位 6。在主部进位之后，百位与十位上的残部均为−2（因为−1−1=−2，−2+0=−2）。于是，接下来的计算可以化简：

$$(12+4,-2+6,-2+3,5)=(16,4,1,5)=16415$$

最后，得到245×67=16415。

下面介绍本章将要反复使用的反序原理。考察交叉乘积，比如：

$$\begin{bmatrix} A & B & C \\ a & b & c \end{bmatrix} = A\times c + B\times b + C\times a \text{。}$$

在等式右边的乘积和之中，被乘数中的数字 A、B、C 出现的顺序与乘数中的数字 a、b、c 出现的顺序恰好相反。若将乘数中的数字 a、b、c 的顺序完全颠倒过来，就恰好变成 c、b、a，它们正好与被乘数中的数字 A、B、C 一对一地相乘，反之亦然。我们将这个原理叫作反序原理。在利用乘法速算基本公式的时候，可以根据反序原理将交叉乘积转化成顺序乘积。比如，若乘数为 123，则可以将 123 反序，用 3、2、1 从左往右分别去乘被乘数中连续的三位。

本节要点总结为：

多位数乘法速算基本公式
主部提前进位法

要熟练地掌握以上公式和方法，必须进行一定量的训练。注意，在做下列练习题时可以不使用任何计算工具，仅仅用笔记录答案。

练习题

口算下列乘积：

（1）123×12；

（2）241×32；

（3）456×27；

（4）385×67；

（5）789×35；

（6）836×79；

（7）1234×21；

（8）2144×68；

（9）7879×76；

（10）2659×29；

（11）4563×96；

（12）5794×89。

练习题答案：（1）1476；（2）7712；（3）12312；（4）25795；（5）27615；（6）66044；（7）25914；（8）145792；（9）598804；（10）77111；（11）438048；（12）515666。你算对了吗？用时多少？

第2节 退补积法与虚拟进位法

当利用速算基本公式计算乘积时，为了简化计算，我们希望将任意两个个位数的乘积都转化成较小数字的乘积。由此，我们导出退位积与补积的概念。与这两个概念紧密相联的还有虚拟进位法，其目的也是将大数字化小。当然，数字的大小是相对的。回想我们在上一章中所做的规定，5和5以下的数字是小数字，6和6以上的数字是大数字。

先看一个小数字与一个大数字的乘积，比如3×8。为了将大数字8化成小数字，可以将其减去10。于是，

$$3\times 8=3\times(8-10+10)=3\times(8-10)+3\times 10,$$

其中，3×10意味着需要进位3。进位之后剩余的部分为$3\times(8-10)=3\times 8-30$，这相当于3与8的普通乘积减去30，即要退位3。因此，我们称之为3与8的退位积。该退位积为$3\times(8-10)=3\times(-2)=-3\times 2$，尽管含有负号，但它的确将原来的乘积3×8转化成了小数字的乘积。以上分析告诉我们，一大一小两个数字的乘积可以转化成退位积，同时要将小数字进位。我们有如下口诀。

大化小规则一：大乘小=小进位+退位积

接下来，我们看看两个大数字的乘积，比如7×8。为了将其中的两个大数字7和8都化成小数字，我们可以将它们各自都减去10，从而计算乘积$(7-10)\times(8-10)$。

回想补数的概念，如果两个数字之和等于 10，那么这两个数就（关于 10）互为补数，简称互补。例如，2 与 8 互为补数，3 与 7 互为补数。

$$(7-10)\times(8-10)=(-3)\times(-2)=3\times 2,$$

这实际上就是 7 的补数 3 与 8 的补数 2 的乘积，因此我们称之为 7 与 8 的补积。

$$\begin{aligned}(7-10)\times(8-10)&=7\times 8-7\times 10-8\times 10+10\times 10\\&=7\times 8-(7+8-10)\times 10,\end{aligned}$$

移项后得到：

$$7\times 8=(7-10)\times(8-10)+(7+8-10)\times 10。$$

其中，$(7+8-10)\times 10$ 意味着需要进位 $7+8-10$，而进位后剩下的部分恰为补积 $(7-10)\times(8-10)$。以上分析告诉我们，两个大数字的乘积可以转化成补积，同时要将两个大数字之和与 10 的差进位，我们可以称之为模十进位。于是，我们有如下口诀。

大化小规则二：大乘大=模十进位+补积

通过以上两条大化小规则，我们可以将任意两个数字的乘积化简。将乘法速算基本公式与这些规则结合起来，我们得到任意多位数乘以两位数的比较简单的口算方法。请看下列例题。

问 289×78=？答：22542。具体的心算过程如下：

$$\left[\!\!\left[\begin{matrix}289\\78\end{matrix}\right]\!\!\right]=\left(\left[\!\!\left[\begin{matrix}2\\7\end{matrix}\right]\!\!\right],\left[\!\!\left[\begin{matrix}2&8\\7&8\end{matrix}\right]\!\!\right],\left[\!\!\left[\begin{matrix}8&9\\7&8\end{matrix}\right]\!\!\right],\left[\!\!\left[\begin{matrix}9\\8\end{matrix}\right]\!\!\right]\right)$$

$$=\left(\left[\!\!\left[\begin{matrix}2\\7\end{matrix}\right]\!\!\right]+2+5,\left[\!\!\left[\begin{matrix}2&-2\\-3&-2\end{matrix}\right]\!\!\right]+6+6,\left[\!\!\left[\begin{matrix}-2&-1\\-3&-2\end{matrix}\right]\!\!\right]+7,\left[\!\!\left[\begin{matrix}-1\\-2\end{matrix}\right]\!\!\right]\right)$$

$$=(14+2+5,-2\times 2+2\times 3+6+6,2\times 2+1\times 3+7,1\times 2)$$

$$=(21,14,14,2)=(22,5,4,2)=22542$$

其中，第一个等号利用乘法速算基本公式，第二个等号利用大化小规则，实际上就是将大数字都减去 10，从而将大小乘积与大大乘积分别转化成了退位积与补积。第一个长度为 2 的交叉乘积中只有一个小数字 2，因此它在转化成一个退位积与一个补积时，需要进位 $2+(7+8-10)=2+5$；而下一个交叉乘积中都是大数字，因此它在转化成两个补积时，需要进位 $(8+8-10)+(9+7-10)=6+6$。头头乘积与尾尾乘积既可以用也可以不用大化小规则。

以上速算方法叫作退补积法，它是大化小规则与退位积、补积等方法的结合。该方法具有普遍性，它适用于任意多位数的乘积，特别适用于两个两位数的乘积。大家可以自行将该方法运用于上一章中所说的 10 种类型的乘积的口算。

在上一章中，我们介绍过虚拟进位法，就是在使用退位积、补积之前事先对乘数与被乘数进行虚拟进位。虚拟进位法同样适用于计算多位数与两位数的乘积。回想以下口诀：

后大前更大，头大尾前移
头头直接乘，小小直接积
大小退位积，大大变补积

其中，头是指最高位，尾是指所计算的当前位的后一位中与大头交叉对应的小尾巴数字，如果对应的是大数字，则要通过减去 10 转化成带有负号的小数字——小尾巴。把这样的小尾巴进位到当前位上，这就是“头大尾前移”的意思。所谓“后大前更大”，当然就是指虚拟进位，注意现在是针对除了最高位以外的所有位的虚拟进位。所谓虚拟进位就是不要改动引起进位的大数字，而仅仅在该大数字的前一位数字的右下角标注 1 以示进位。

比如，虚拟进位使得 7489 变成 74_18_19，使得 28 变成 2_18，其中引起虚拟进位的数字是头以外的大数字 8 和 9，而大头 7 并不需要虚拟进位。为了计算乘积 7489×28，可以在虚拟进位之后使用乘法速算基本公式。当计算头头乘积时，在后一位置的交叉乘积$\begin{bmatrix}7 & 4_1 \\ 2_1 & 8\end{bmatrix}$中，大头 7 交叉对应的尾巴是 8，也就是小尾巴 -2（因为 $8-10=-2$）。按照“头大尾前移”规则，这个小尾巴 -2 应该加到头头乘积 7×3 上面。下面给出用虚拟进位法计算乘积 7489×28 的完整心算过程：

$$
\left[\!\left[\begin{matrix}7489\\28\end{matrix}\right]\!\right]\to\left[\!\left[\begin{matrix}[7]4_{1}8_{1}9\\2_{1}8\end{matrix}\right]\!\right]\to\left[\!\left[\begin{matrix}[7]599\\38\end{matrix}\right]\!\right]\to
$$

$$
\to\left(\left[\!\left[\begin{matrix}7\\3\end{matrix}\right]\!\right]-2,\left[\!\left[\begin{matrix}7&5\\3&8\end{matrix}\right]\!\right],\left[\!\left[\begin{matrix}5&9\\3&8\end{matrix}\right]\!\right],\left[\!\left[\begin{matrix}9&9\\3&8\end{matrix}\right]\!\right],\left[\!\left[\begin{matrix}9\\8\end{matrix}\right]\!\right]\right)
$$

$$
\to\left(\left[\!\left[\begin{matrix}7\\3\end{matrix}\right]\!\right]-2,\left[\!\left[\begin{matrix}-3&5\\3&-2\end{matrix}\right]\!\right],\left[\!\left[\begin{matrix}5&-1\\3&-2\end{matrix}\right]\!\right],\left[\!\left[\begin{matrix}-1&-1\\3&-2\end{matrix}\right]\!\right],\left[\!\left[\begin{matrix}-1\\-2\end{matrix}\right]\!\right]\right)
$$

$$
\to(19,21,-13,-1,2)\to(19,19,7,-1,2)\to(20,9,6,9,2)
$$

因此，$7489\times28=209692$。我们看到，由于事先进行了虚拟进位，在后续的计算中，除了“头大尾前移”所引起的进位之外，就没有别的进位了。

最后，我们简单介绍分数进位的技巧。

可以在数位上使用诸如$\frac{1}{2}$、$\frac{1}{4}$等简单的分数。因为$\frac{1}{2}\times10=5$，所以某一数位上的 5 相当于高一数位上的$\frac{1}{2}$（可以记为 h），反之亦然。又因为$\frac{1}{4}\times100=25$，所以某相邻两个数位上的 25 相当于高一数位上的$\frac{1}{4}$（可以记为 q），反之亦然。例如，$q01$ 表示 $25+1=26$，$hh2$ 表示 $50+5+2=57$。在数位上使用分数$\frac{1}{2}$，相当于满 5 可以进位；在数位上使用分数$\frac{1}{4}$，相当于满 25 可以进位。这就是分数进位的技巧。例如，326、257 通过分数进位后分别成为 $3_{q}01$、$q0h2$。分数进位法的好处是可以将一些乘法运算转化成简易的除法运算。分数$\frac{1}{2}$进位法也叫满 5 进位法。

本节要点可以总结为计算多位数与两位数的乘积的两种速算方法。

方法一：不使用虚拟进位	根据规则 1 和 2 进位，用退位积、补积
方法二：使用虚拟进位	“头大尾前移”导致进位，用退位积、补积

本节介绍的方法具有普遍性，它可以被直接推广到口算任意两个多位数的乘积，因此必须熟练掌握。为此，必须进行一定量的训练。注意，在做下列练习题时，

只允许口算，而笔仅用于记录最后的答案。

练习题

口算下列乘积：

（1）236×13；

（2）438×53；

（3）666×78；

（4）489×84；

（5）567×58；

（6）789×89；

（7）1232×94；

（8）6247×32；

（9）8735×28；

（10）7585×55；

（11）4567×69；

（12）6789×97。

练习题答案：（1）3068；（2）23214；（3）51948；（4）41076；（5）32886；（6）70221；（7）115808；（8）199904；（9）244580；（10）417175；（11）315123；（12）658533。你算对了吗？用时多少？

第 3 节　乘数为一十几时的速算秘诀

除了利用本章第 1、2 两节介绍的方法外，我们还可以根据每个两位数乘数的特点对其进行适当的数字分解，然后运用乘法速算基本公式以及反序原理推导出该两位数乘数的独特的乘法心算秘诀。本节讨论的乘数是 11～19。

若两位数乘数的十位数为 1，个位数为 m，则该两位数可以写成$(1, m)$，反序得到$(m, 1)$。因此，我们得到乘数为一十几时的乘法速算秘诀：

乘以$(1, m)$，每一位取 m 倍，再加后一位

例如，为了计算 3685×11，可将 036850 中的每相邻两位相加。如果相邻两位的和满 10，那么就需要进位 1，比如 $6+8$ 和 $8+5$ 均需要进位 1。如果从左往右算的话，就可以提前考虑这种进位。下面给出计算 3685×11 的完整心算过程：

$$3685 \times 11 \to 036850 \to (0+3, 3+6, 6+8, 8+5, 5+0)$$
$$\to (3, 9, 14, 13, 5) \to (3, 10, 5, 3, 5) \to (4, 0, 5, 3, 5)$$

因此，$3685 \times 11 = 40535$。

为了计算 5687×12，可将 056870 中的每位加倍再加后一位。如果将一个数加倍替换为这个数加自身，那么就变成三个数字相加，于是就可以运用第 1 章介绍的加法技巧。本例中出现了 $6+6+8=20$，$8+8+7=(8+8+4)+3=23$，其中两次用到弱冠公式。下面给出计算 5687×12 的完整心算过程：

$$5687 \times 12 \to 056870 \to (0+0+5, 5+5+6, 6+6+8, 8+8+7, 7+7+0)$$
$$\to (5, 16, 20, 23, 14) \to (6, 8, 2, 4, 4)$$

因此，$5687 \times 12 = 68244$。

乘数为 13、14、15 时的乘法最好从低位开始心算。例如，为了计算 7642×14，可将 076420 的每一位加上高一位的 4 倍：

0	7	6	4	2	0
	3	2	1		
1	0	6	9	8	8
(6)	(5)	(4)	(3)	(2)	(1)

因此，$7642 \times 14 = 106988$。上述第二行中的数字代表临时进位，实线以下的标注仅仅是为了方便我们给出解释。从列（1）开始，逐列进行计算。例如，在列（2）处，$2+4 \times 4=18$，保留 8，进位 1；在列（3）处，$4+6 \times 4+1=29$，保留 9，进位 2，等等。

乘数 15 比较特殊，其个位数是 5。由满 5 进位法，可得 $15=(1+h, 0)$。可见，一个数乘以 15，等于这个数乘以 10 后，再将其每位数字乘以 $1+h$。由于 $a\times(1+h)=a\times1+a\times h=a\div2+a$，我们得到任意数乘以 15 的独特方法：

乘以 15，后补一个 0，每一位折半加自身

当某位数是奇数的时候，除以 2 就会得到零头 $h=\dfrac{1}{2}$，此时需将 h 退位，即在下一位上额外加上 5。例如，$2459\times15=36885$，心算过程如下：

被乘数的10倍	2	4	5	9	0
折半	1	2	2	5+4	5
和	3	6	8	8	5
	(5)	(4)	(3)	(2)	(1)

最后一行是列标记，在心算的时候，我们逐列进行计算。因为 5 折半是 2.5，而 9 折半是 4.5，所以折半行在列（2）、（1）处都多加了一个 5。第三行是前两行的和，实际上就是乘积的结果。在列（2）处，9+5+4=18，往列（3）进位 1，保留 8；在列（3）处，5+2=7，加上列（2）的进位 1，得到 8。

乘数 18 也很特别，它是 9 的倍数。由于 $18=9\times2=(1,-1)\times2$，根据乘法速算基本公式和反序原理，一个数乘以 18 相当于在被乘数的首尾各补充一个 0，然后对于每相邻的两位，用低位减去高位，再加倍。因此，我们得到任意数乘以 18 的速算秘诀：

乘以 18，后一位减去前一位，加倍

减法可能导致负数的出现，此时可以通过退位的方法来消除负号。例如，$1283\times18=23094$，其具体的心算过程如下：

被乘数		1		2		8		3	
作差	1		1		6		–5		–3
加倍	2		2		12		–10		–6
整理	2		3		0		9		4
	(5)		(4)		(3)		(2)		(1)

作差行是被乘数的每相邻两位相减，用后一位减去前一位。列（1）处是 $0-3=-3$，因为个位数 3 后面没有数了，可以将其当作 0；列（5）处是 $1-0=1$，因为被乘数最高位 1 的前面可以认为是 0。在心算的时候，我们逐列进行，即对于每一列，作差、加倍、整理是一气呵成的。整理行主要进行进退位处理，如列（1）处出现 -6，需要向列（2）借 1 当 10，而 $10-6=4$，故得到列（1）处的 4，且列（2）处需要退位 1。

最后看乘数 19，它与 20 接近，$19=20-1=(2,-1)$，反序得到 $(-1,2)$。因此，我们得到任意数乘以 19 的速算秘诀：

乘以 19，每一位加倍后减去前一位

例如，$6287\times19=119453$，心算过程如下：

被乘数		6	2	8	7	(0)
加倍		12	4	16	14	0
作差		12	−2	14	6	−7
整理	1	1	9	4	5	3

注意计算是逐列进行的，且对于每一列，加倍、作差、整理是一气呵成的。

本节要点总结为乘数为一十几时的乘法速算秘诀：

乘以 $(1, m)$，每一位取 m 倍，再加后一位
乘以 15，后补一个 0，每一位折半加自身
乘以 18，后一位减去前一位，加倍
乘以 19，每一位加倍后减去前一位

注意，在做下列练习题时，只允许口算，而笔仅用于记录最后的答案。

练习题

口算下列乘积：

（1）8234×12；

（2）9324×13；

（3）7672×14；

（4）6478×15；

（5）2436×16；

（6）6289×17；

（7）9278×18；

（8）6589×19；

（9）7463×15；

（10）1262×11；

（11）4594×19；

（12）8418×18。

练习题答案：（1）98808；（2）121212；（3）107408；（4）97170；（5）38976；（6）106913；（7）167004；（8）125191；（9）111945；（10）13882；（11）87286；（12）151524。你算对了吗？用时多少？

第 4 节　乘数为二十几时的速算秘诀

本节讨论多位数乘以二十几（21～29）的心算方法，导出途径是：乘数的数字分解→速算基本公式→反序原理。

若两位数乘数的十位数为 2，个位数为 m，则该两位数可以写成$(2, m)$，反序得到$(m, 2)$。因此，我们得到乘数为二十几时的乘法速算秘诀：

乘以$(2, m)$，每一位取 m 倍，再加后一位两次

例如，为了计算 6795×21，可将 067950 中的各位数加后一位两次，其中出现 $6+7+7=20$，$7+9+9=(9+9+2)+5=25$，这里两次用到弱冠公式。下面给出计算 6795×21 的完整心算过程：

$$6795 \times 21 \to 067950 \to (0+6+6,\ 6+7+7,\ 7+9+9,\ 9+5+5,\ 5+0+0)$$
$$\to (12, 20, 25, 19, 5) \to (14, 2, 6, 9, 5)$$

因此，$6795 \times 21 = 142695$。

22 比较特别，它是 11 的两倍，因此根据乘数为 11 时的口算方法，就能得到乘数为 22 时的速算方法：

乘以 22，每相邻两位求和，再加倍

例如，为了计算 8794×22，可将 087940 中的每相邻两位相加后再加倍，加倍可以变成加法，如 $8+7+8+7=30$，$7+9+7+9=(7+7+7+9)+2=32$，其中两次用到而立公式。下面给出计算 8794×22 的完整心算过程：

$$8794 \times 22 \rightarrow 087940$$
$$\rightarrow (0+8+0+8,\ 8+7+8+7,\ 7+9+7+9,\ 9+4+9+4,\ 4+0+4+0)$$
$$\rightarrow (16, 30, 32, 26, 8) \rightarrow (19, 3, 4, 6, 8)$$

因此，$8794 \times 22 = 193468$。

乘数 25 很特别，它是 100 的四分之一。采用分数进位法，记 $q = \frac{1}{4}$，则 $25 = (q, 0, 0)$。因此，任何数乘以 25 就相当于乘以 100，再乘以 q，而后者等价于除以 4。于是，我们得到用除法计算任意数乘以 25 的速算秘诀：

乘以 25，后补两个 0，除以 4

既然是除法，当然从高位算起比较方便。例如：

$$389 \times 25 = 38900 \div 4 = 9725$$

由于 24 和 26 与 25 只相差 1，因此可以用类似的方法将乘数为 24 和 26 的乘法转化成除法。利用分数进位法，$24 = (q, 0, -1)$，而 $26 = (q, 0, 1)$，根据乘法速算基本公式与反序原理，我们立即得到如下口诀：

乘以 24，后补两个 0，每位除以 4 并减去前隔一位

乘以 26，后补两个 0，每位除以 4 并加上前隔一位

若出现不能整除的情况，则将余数乘以 10 后并入后一位继续参与除法运算。例如，389×24 的心算过程如下：

被乘数	0	0	3	8	9	(0	0)
余数			3	2	1	2	0
除以4并隔位减			0	9	4	−6	−4
整理				9	3	3	6

因此，389×24=9336。

类似地，389×26 的心算过程如下：

被乘数	0	0	3	8	9	(0	0)
余数			3	2	1	2	0
除以4并隔位加			0	9	10	10	14
整理			1	0	1	1	4

因此，389×26=10114。

注意，27=9×3=(1,−1)×3，因此，可以利用乘数为 9 时后位减去前位的方法，再将所得结果乘以 3，由此得到乘数为 27 时的速算秘诀：

乘以 27，每位减去前一位，再取 3 倍

由于 28 与 27 只相差 1，因此也可以借助乘数为 9 时的速算方法。事实上，28=27+1=9×3+1=(1,−1)×3+(0, 1)，反序得到(−1, 1)×3+(1, 0)。根据乘法速算基本公式和反序原理，可得到乘数为 28 时的速算秘诀：

乘以 28，每位减去前一位，取 3 倍后加上前一位

例如，1283×28 的心算过程如下：

被乘数		1	2	8	3
作差	1	1	6	−5	−3
3倍+前一位	3	4	20	−7	−6
整理	3	5	9	2	4

因此，1283×28=35924。

最后看看乘数为 29 时的情况。由于 29=30−1=(3,−1)，反序得到(−1, 3)。根据乘法速算基本公式和反序原理，得到乘数为 29 时的乘法速算秘诀：

乘以 29，每位取 3 倍，再减去前一位

例如，5487×29=159123 的心算过程如下：

被乘数	(0)	5	4	8	7	(0)
3倍		15	12	24	21	0
作差		15	7	20	13	−7
整理	1	5	9	1	2	3

本节要点总结为以下乘数为二十几时的乘法速算要点：

乘数	要点
$(2, m)$	每一位取 m 倍，再加后一位两次
22	11 的倍数，加法
24、25、26	25，除以 4
27、28	9 的倍数，邻位减
28、29	取 3 倍，加减法

注意，在做下列练习题时，只允许口算，而笔仅用于记录最后的答案。

练习题

口算下列乘积：

（1）2347×21；

（2）3924×22；

（3）6728×23；

（4）4789×24；

（5）2437×25；

（6）4689×26；

（7）2798×27；

（8）4658×28；

（9）4637×29；

（10）13579×25；

（11）87654×27；

（12）48433×28。

练习题答案：（1）49287；（2）86328；（3）154744；（4）114936；（5）60925；（6）121914；（7）75546；（8）130424；（9）134473；（10）339475；（11）2366658；（12）1356124。你算对了吗？用时多少？

第 5 节　乘数为三十几时的速算秘诀

本节讨论多位数乘以三十几（31～39）时的速算秘诀，导出途径是：乘数的数字分解→速算基本公式→反序原理。

若两位数乘数的十位为 3，个位为 m，则该两位数可以写成$(3, m)$，反序得到$(m, 3)$。因此，我们得到乘数为三十几时的乘法速算秘诀：

乘以$(3, m)$，每一位取 3 倍，再加上前一位 m 次

当 m 不超过 3 的时候，该公式好用。

例如，为了计算 6975×31，可将 069750 中的每位数加上后一位三次，其中出现 6+9+9+9=3+(3+9+9+9)=33，9+7+7+7=30，两次用到而立公式。下面给出计算 6975×31 的完整心算过程：

6975×31→069750→(0+6+6+6, 6+9+9+9, 9+7+7+7, 7+5+5+5, 5+0+0+0)
→(18, 33, 30, 22, 5)→(21, 6, 2, 2, 5)

因此，6975×31=216225。

33 比较特别，它是 11 的 3 倍，因此根据乘数为 11 时的速算方法，再将其中每一步所得的结果乘以 3，就得到乘数为 33 时的速算方法：

乘以 33，每相邻两位求和，再取 3 倍

例如，为了计算 1492×33，可将 014920 中的每相邻两位相加，再乘以 3，整理后得到 1492×33=49236。注意逐位进行计算，而且作和、乘以 3、整理等过程是一气呵成的。

34 与 33 仅仅相差 1，因此可以借助后者计算前者。事实上，34=33+1=(1, 1)×3+(0, 1)，反序得到(1, 1)×3+(1, 0)，由此得到乘数为 34 时的乘法速算秘诀：

乘以 34，每相邻两位相加，取 3 倍后加上前一位

例如，1492×34 的心算过程如下：

被乘数	1	4	9	2	
作和	1	5	13	11	2
3倍+前一位	3	16	43	42	8
整理	5	0	7	2	8

因此，1492×34=50728。

由于乘数 35 的个位数为 5，由满 5 进位法可得 $35=(3+h, 0)=\left(\frac{7}{2}, 0\right)$。因此，我们得到用除法计算任意数乘以 35 的速算秘诀：

乘以 35，后补一个 0，每一位取 7 倍后折半

既然是除法，当然从高位算起比较方便。折半就是除以 2，当遇到奇数的时候就会出现零头 $h=\frac{1}{2}$，此时需将 h 退位，即在结果的后一位上额外加上 5。例如，2459×35=86065，其心算过程如下：

被乘数的10倍	2	4	5	9	0
7倍折半	7	14	17	5+31	5
整理	8	6	0	6	5
	(5)	(4)	(3)	(2)	(1)

最后一行是列标记。因为 5、9 是奇数，折半后带有余数 h，因此它们的后一位都额外加上了 5。逐列进行计算，如在列（2）处，$5+31=36$，进位 3，保留 6。

注意 $36=9\times4=(1,-1)\times4$，因此利用乘数为 9 时后位减去前位的方法，再将每一步所得的结果乘以 4，就得到了乘数为 36 时的乘法速算秘诀：

乘以 36，每位减去前一位，再取 4 倍

例如，$1283\times36=46188$，其心算过程如下：

被乘数	1	2	8	3	
作差	1	1	6	−5	−3
4倍	4	4	24	−20	−12
整理	4	6	1	8	8

由于 37 与 36 只相差 1，因此也可以借助乘数为 9 时的速算方法。事实上，$37=36+1=9\times4+1=(1,-1)\times4+(0,1)$，反序得到$(-1,1)\times4+(1,0)$，由此得到乘数为 37 时的乘法速算秘诀：

乘以 37，每位减去前一位，4 倍后再加上前一位

例如，1283×37 的心算过程如下：

被乘数	1	2	8	3	
作差	1	1	6	−5	−3
4倍+前位	4	5	26	−12	−9
整理	4	7	4	7	1

因此，$1283\times37=47471$。

乘数 38 与 40 接近，$38=40-2=(4,-2)=(2,-1)\times2$，反序得到$(-1,2)\times2$，由此立即得到乘数为 38 时的乘法速算秘诀：

乘以 38，每位的 2 倍减去前一位，再取 2 倍

例如，$5487\times38=208506$ 的心算过程如下：

被乘数	(0)	5	4	8	7	(0)
2倍 − 前一位		10	3	12	6	−7
2倍		20	6	24	12	−14
整理	2	0	8	5	0	6

最后看看乘数为 39 时的情况。由于 39 = 40 − 1 = (4, −1)，反序得到(−1, 4)，由此立即得到乘数为 39 时的乘法速算秘诀：

乘以 39，每位的 4 倍减去前一位

例如，用该秘诀口算时不难得到 5487 × 39 = 213993。

本节要点总结为以下乘数为三十几时的速算要点：

乘数	要点
31、32	3 倍，加法
33、34	11 的倍数，加法
35	五进位法，折半
36、37	9 的倍数，邻位减
38、39	4 倍，减法

注意，在做下列练习题时，只允许口算，而笔仅用于记录最后的答案。

练习题

口算下列乘积：

（1）4723 × 31；

（2）9234 × 32；

（3）2867 × 33；

（4）4978 × 34；

（5）3724 × 35；

（6）4686 × 36；

（7）4898×37；

（8）4658×38；

（9）5237×39；

（10）13579×35；

（11）87654×37；

（12）98431×38。

练习题答案：（1）146413；（2）295488；（3）94611；（4）169252；（5）130340；（6）168696；（7）181226；（8）177004；（9）204243；（10）475265；（11）3243198；（12）3740378。你算对了吗？用时多少？

第 6 节　乘数为四十几时的速算秘诀

本节讨论多位数乘以四十几（41～49）的速算秘诀，导出途径是：乘数的数字分解→速算基本公式→反序原理。

若两位数乘数的十位数为 4，个位数为 m，则该两位数可以写成$(4, m)$，反序得到$(m, 4)$。因此，我们得到乘数为四十几时的乘法速算秘诀：

乘以$(4, m)$，每一位乘以 4，再加上前一位 m 次

当 m 不超过 3 的时候，该公式好用。例如，为了计算 6975×41，可将 069750 中的每位数乘以 4 后加上前一位数：

$$6975\times41\to069750\to(6\times4+0, 9\times4+6, 7\times4+9, 5\times4+7, 0\times4+5)$$
$$\to(24, 42, 37, 27, 5)\to(28, 5, 9, 7, 5)$$

因此，6975×41=285975。类似地，可得 6975×42=292950。

乘数为 43 与 44 时，可以利用 11 来计算乘法。事实上，44=11×4，因此首先利用乘数为 11 时的速算方法，将相邻两位相加，然后取 4 倍，就得到乘数为 44 时的乘法速算秘诀：

乘以 44，每相邻两位求和，再取 4 倍

例如，为了计算 1492×44，可将 014920 中的每相邻两位相加，再取 4 倍，整理后得到 1492×44=65648。注意，逐位进行计算，而且作和、取 4 倍、整理等过程是一气呵成的。

43 与 44 仅仅相差 1，因此可以借助后者计算前者。事实上，43=44−1=(1, 1)×4+(0,−1)，反序得到(1, 1)×4+(−1, 0)，由此得到乘数为 43 时的乘法速算秘诀：

乘以 43，每相邻两位相加，取 4 倍后减去前一位

例如，1492×43 的心算过程如下：

被乘数	1	4	9	2	
作和	1	5	13	11	2
4倍－前一位	4	19	48	35	6
整理	6	4	1	5	6

因此，1492×43=64156。

乘数 45 非常特别，它既是 9 的倍数，又是 5 的倍数，即 45=9×5=(1,−1)×5=(1,−1)×10÷2。因此，我们可以首先利用乘数为 9 时的速算方法，就是对被乘数的每相邻两位作差，然后将这个差乘以 5；也可以取 10 倍后对每相邻两位作差，再折半。于是，我们得到计算任意数乘以 45 时的速算秘诀：

乘以 45，每位减去前一位，取 5 倍；或者将该差折半，取 10 倍

例如，1492×45=67140，其心算过程如下：

被乘数	1	4	9	2	
作差	1	3	5	−7	−2
5倍	5	15	25	−35	−10
整理	6	7	1	4	0

46 与 45 仅仅相差 1，因此可以借助后者计算前者。事实上，由于 46=45+1=9×5+1=(1,−1)×5+(0, 1)，反序得到(−1, 1)×5+(1, 0)，由此得到乘数为 46 时的乘法速算秘诀：

乘以 46，每位减去前一位，取 5 倍后加上前一位

例如，1283×46=59018，其心算过程如下：

被乘数		1	2	8	3
作差	1	1	6	−5	−3
5倍+前一位	5	6	32	−17	−12
整理	5	9	0	1	8

由于 47 与 45 只相差 2，可以借助后者计算前者。事实上，由于 $47=45+2=9\times5+2=(1,-1)\times5+(0,2)$，反序得到 $(-1,1)\times5+(2,0)$，由此得到乘数为 47 时的乘法速算秘诀：

乘以 47，每位减去前一位，取 5 倍后加上前一位两次

例如，1283×47=60301，其心算过程如下：

被乘数		1	2	8	3
作差	1	1	6	−5	−3
5倍+前+前	5	7	34	−9	−9
整理	6	0	3	0	1

乘数 48 与 50 接近，$48=50-2=(5,-2)$，反序得到 $(-2,5)$，由此得到乘数为 48 时的乘法速算秘诀：

乘以 48，每位取 5 倍，再减去前一位两次

例如，5487×48=263376，其心算过程如下：

被乘数	(0)	5	4	8	7	(0)
5倍		25	20	40	35	0
减前一位两次		25	10	32	19	−14
整理	2	6	3	3	7	6

最后看乘数 49。由于 $49=50-1=(5,-1)$，反序得到 $(-1,5)$，由此得到乘数为 49 时的乘法速算秘诀：

乘以 49，每位取 5 倍，再减去前一位

例如，根据该口诀进行心算，可得 5487×49=268863。

本节要点总结为以下乘数为四十几时的乘法速算要点：

乘数	要点
41、42	4 倍，加法
43、44	11 的倍数，加减法
45	五进位法，折半
45、46、47	9 的倍数，邻位减
48、49	5 倍，减法

注意，在做下列练习题时，只允许口算，而笔仅用于记录最后的答案。

练习题

口算下列乘积：

（1）2863×41；

（2）3923×42；

（3）2886×43；

（4）4897×44；

（5）8729×45；

（6）7468×46；

（7）6489×47；

（8）4657×48；

（9）5837×49；

（10）13579×45；

（11）68764×47；

（12）98763×48。

练习题答案：（1）117383；（2）164766；（3）124098；（4）215468；（5）392805；

（6）343528；（7）304983；（8）223536；（9）286013；（10）611055；（11）3231908；（12）4740624。你算对了吗？用时多少？

第7节 乘数为五十几时的速算秘诀

本节讨论多位数乘以五十几（51～59）时的速算秘诀，导出途径是：乘数的数字分解→基本速算公式→反序原理。

若两位数乘数的十位数为5，个位数为m，则该两位数可以写成$(5, m)$，反序得到$(m, 5)$。因此，我们得到乘数为五十几时的乘法速算秘诀：

乘以$(5, m)$，每一位取5倍，再加上前一位m次

当m不超过3的时候，该公式好用。例如，为了计算6975×52，可将069750中的每位数的5倍加上前一位两次：

$$6975\times52\rightarrow069750$$
$$\rightarrow(6\times5+0+0, 9\times5+6+6, 7\times5+9+9, 5\times5+7+7, 0\times5+5+5)$$
$$\rightarrow(30, 57, 53, 39, 10)\rightarrow(36, 2, 7, 0, 0)$$

因此，$6975\times52=362700$。

乘数为53与54时，可以利用9的倍数计算乘法。事实上，$53=54-1=9\times6-1=(1,-1)\times6+(0,-1)$，反序得到$(-1, 1)\times6+(-1, 0)$，由此得到乘数为53时的乘法速算秘诀：

乘以53，每位减去前一位，取6倍后再减去前一位

例如，1492×53的心算过程如下：

被乘数	1	4	9	2	
作差	1	3	5	−7	−2
6倍 − 前一位	6	17	26	−51	−14
整理	7	9	0	7	6
	(5)	(4)	(3)	(2)	(1)

可见，$1492\times53=79076$。上述最后一行是列标记。被乘数的每相邻两位相减，即后一位减去前一位，得到作差行。列（1）处是 $0-2=-2$，因为个位数 3 后面没有数了，可以将其当作 0；列（5）处是 $1-0=1$，因为被乘数的最高位 1 前面可以认为是 0。在心算的时候，我们逐列进行，即对于每一列，作差、取 6 倍、再作差、整理是一气呵成的。整理行主要用于进退位处理，如列（1）处出现 -14，需要向列（2）借 2 当 20，而 $20-14=6$，故得到列（1）处的 6，且列（2）处需要退位 2。

乘数 54 的特点是它是 9 的倍数：$54=9\times6=(1,-1)\times6$。因此，借助乘数为 9 时的速算方法，我们立即得到乘数为 54 时的速算秘诀：

乘以 54，每位减去前一位，再取 6 倍

例如，用该法进行心算，可得 $1492\times54=80568$。

乘数为 55 的乘法可以利用 11 的倍数来计算，这是因为 $55=11\times5$。

乘以 55，每相邻两位相加，再取 5 倍

56 与 55 仅仅相差 1，$56=55+1=(1,1)\times5+(0,1)$，反序得到 $(1,1)\times5+(1,0)$，由此得到乘数为 56 时的乘法速算秘诀：

乘以 56，每相邻两位相加，取 5 倍后加上前一位

例如，$1492\times56=83552$，其心算过程如下：

被乘数		1	4	9	2
作和	1	5	13	11	2
5倍+前一位	5	26	69	64	12
整理	8	3	5	5	2

因为 $57=60-3=(20-1)\times3=(2,-1)\times3$，反序可得 $(-1,2)\times3$，所以乘数为 57 时的乘法速算秘诀为：

乘以 57，每位的 2 倍减去前一位，再取 3 倍

例如，1283×57=73131，其心算过程如下：

被乘数	1	2	8	3	
2倍－前一位	2	3	14	−2	−3
3倍	6	9	42	−6	−9
整理	7	3	1	3	1

乘数58与60接近，58=60−2=(6,−2)，反序得到(−2, 6)，由此可得乘数为58时的乘法速算秘诀：

乘以58，每位取6倍，再减去前一位两次

例如，5487×58=318246，其心算过程如下：

被乘数	(0)	5	4	8	7	(0)
6倍		30	24	48	42	0
两次作差		30	14	40	26	−14
整理	3	1	8	2	4	6

最后看乘数59。由于59=60−1=(6,−1)，反序得到(−1, 6)，由此立即得到乘数为59时的乘法速算秘诀：

乘以59，每位取6倍，再减去前一位

例如，用该法进行心算，可得5487×59=323733。

本节要点总结为乘数为五十几时的乘法速算要点：

乘数	要点
51、52	5倍，加法
53、54	9的倍数，减法
55、56	11的倍数，加法
57、58、59	6倍，减法

注意，在做下列练习题时，只允许口算，而笔仅用于记录最后的答案。

练习题

口算下列乘积：

（1）2463×51；

（2）4623×52；

（3）3786×53；

（4）7486×54；

（5）8792×55；

（6）8736×56；

（7）6498×57；

（8）5467×58；

（9）7583×59；

（10）13579×55；

（11）36876×57；

（12）39876×58。

练习题答案：（1）125613；（2）240396；（3）200658；（4）404244；（5）483560；（6）489216；（7）370386；（8）317086；（9）447397；（10）746845；（11）2101932；（12）2312808。你算对了吗？用时多少？

第 8 节　乘数为六十几时的速算秘诀

本节讨论多位数乘以六十几（61～69）时的速算秘诀，导出途径是：乘数的数字分解→速算基本公式→反序原理。

若两位数乘数的十位数为 6，个位数为 m，则该两位数可以写成$(6, m)$，反序得到$(m, 6)$。因此，我们得到乘数为六十几时的乘法速算秘诀：

乘以$(6, m)$，每一位取 6 倍，再加上前一位 m 次

当 m 不超过 3 的时候，该公式好用。

例如，为了计算 4638×62，可将 046380 中每位数的 6 倍加上前一位两次，完整的心算过程如下：

$$4638\times62\rightarrow046380$$
$$\rightarrow(4\times6+0+0,\ 6\times6+4+4,\ 3\times6+6+6,\ 8\times6+3+3,\ 0\times6+8+8)$$
$$\rightarrow(24,\ 44,\ 30,\ 54,\ 16)\rightarrow(28,\ 7,\ 5,\ 5,\ 6)$$

因此，$4638\times62=287556$。

我们来看乘数 63，其特点是它是 9 的倍数，即 $63=9\times7=(1,-1)\times7$。因此，我们得到乘数为 63 时的乘法速算秘诀：

乘以 63，每位减去前一位，取 7 倍

例如，$2583\times63=162729$，其心算过程如下：

被乘数		2	5	8	3
作差	2	3	3	–5	–3
7倍	14	21	21	–35	–21
整理	16	2	7	2	9
	(5)	(4)	(3)	(2)	(1)

上述最后一行是列标记，不是心算所必需的，仅仅用于说明问题。被乘数的每相邻两位相减，即后一位减去前一位，得到作差行。在列（1）处作差，得到 $0-3=-3$，因为个位数 3 后面没有数了，可以将其当作 0；在列（5）处作差，得到 $2-0=2$，因为被乘数的最高位 2 前面可以认为是 0。在心算的时候，我们逐列进行，即对于每一列，作差、取 7 倍、整理是一气呵成的。整理行主要用于进退位处理，如列（1）处出现 -21，需要向列（2）借 3 当 30，而 $30-21=9$，故得到列（1）处的 9，且列（2）处需要退位 3。

乘数 64 与 63 仅仅相差 1，而后者是 9 的倍数。$64=63+1=9\times7+1=(1,-1)\times7+(0,1)$，反序得到 $(-1,1)\times7+(1,0)$，故得到乘数为 64 时的乘法速算秘诀：

乘以 64，每位减去前一位，取 7 倍后再加上前一位

例如，2583×64=165312，其心算过程如下：

被乘数	2	5	8	3	
作差	2	3	3	−5	−3
7倍＋前一位	14	23	26	−27	−18
整理	16	5	3	1	2

乘数 66 是 11 的倍数，可以借助乘数为 11 时的乘法速算方法，然后将每一步所得到的结果乘以 6，于是得到计算任意数乘以 66 时的速算秘诀：

乘以 66，每相邻两位相加，取 6 倍

例如，用该法进行计算，可得 1983×66=130878。

67 与 66 仅仅相差 1，67=66+1=(1, 1)×6+(0, 1)，反序得到(1, 1)×6+(1, 0)，由此得到乘数为 67 时的乘法速算秘诀：

乘以 67，每相邻两位相加，取 6 倍后加上前一位

例如，为了计算 1983×67，可将 019830 中的每相邻两位相加，取 6 倍后加上前一位。

被乘数	1	9	8	3	
作和	1	10	17	11	3
6倍＋前一位	6	61	111	74	21
整理	13	2	8	6	1

因此，1983×67=132861。

乘数 68、69 均与 70 接近，故我们利用这一特点来研究相应的乘法速算方法。事实上，68=70−2=(7,−2)，反序得到(−2, 7)，由此得到乘数为 68 时的乘法速算秘诀：

乘以 68，每位取 7 倍，再减去前一位两次

例如，3429×68=233172，其心算过程如下：

被乘数	(0)	3	4	2	9	(0)
7倍		21	28	14	63	0
两次作差		21	22	6	59	−18
整理	2	3	3	1	7	2

类似地，由 $69=70-1=(7,-1)$，可得乘数为 69 时的乘法速算秘诀：

乘以 69，每位取 7 倍，再减去前一位

例如，依照该方法进行心算，可得 $3429\times69=236601$。

本节要点总结为乘数为六十几时的乘法速算要点：

乘数	要点
61、62	6 倍，加法
63、64、65	9 的倍数，减法（加法）
66、67	11 的倍数，加法
68、69	7 倍，减法

注意，在做下列练习题时，只允许口算，而笔仅用于记录最后的答案。

练习题

口算下列乘积：

（1）6243×61；

（2）3462×62；

（3）6378×63；

（4）8746×64；

（5）9872×65；

（6）8673×66；

（7）9648×67；

（8）7546×68；

（9）8753×69；

（10）13579×65；

（11）63687×67；

（12）36987×68。

练习题答案：（1）380823；（2）214644；（3）401814；（4）559744；（5）641680；（6）572418；（7）646416；（8）513128；（9）603957；（10）882635；（11）4267029；（12）2515116。你算对了吗？用时多少？

第 9 节　乘数为七十几时的速算秘诀

本节讨论多位数乘以七十几（71～79）时的速算秘诀，导出途径是：乘数的数字分解→速算基本公式→反序原理。

若两位数乘数的十位数为 7，个位数为 m，则该两位数可以写成$(7, m)$，反序得到$(m, 7)$。因此，我们得到乘数为七十几时的乘法速算秘诀：

乘以$(7, m)$，每一位取 7 倍，再加上前一位 m 次

当 m 不超过 3 的时候，该公式好用。

例如，为了计算 4638×72，可将 046380 中的每位数乘以 7，再加上前一位两次，其完整的心算过程如下：

$$4638\times72\rightarrow046380$$
$$\rightarrow(4\times7+0+0,\ 6\times7+4+4,\ 3\times7+6+6,\ 8\times7+3+3,\ 0\times7+8+8)$$
$$\rightarrow(28,\ 50,\ 33,\ 62,\ 16)\rightarrow(33,\ 3,\ 9,\ 3,\ 6)$$

因此，4638×72=333936。

此外，72 还是 9 的倍数，即 $72=9\times8=(1,-1)\times8$，由此得到乘数为 72 时的另一个速算秘诀：

乘以 72，每位减去前一位，再取 8 倍

用该方法计算上一道例题：

被乘数		4	6	3	8
作差	4	2	–3	5	–8
8倍	32	16	–24	40	–64
整理	33	3	9	3	6
	(5)	(4)	(3)	(2)	(1)

可见，4638×72=333936。上述最后一行是列标记。在列（1）处作差，得到 0−8=−8，因为个位数 8 的后面没有数了，可以将其当作 0；在列（5）处作差，得到 4−0=4，因为被乘数的最高位 4 的前面可以认为是 0。逐列进行计算，且对于每一列，作差、取 8 倍、整理是一气呵成的。整理行主要用于进退位处理，如列（1）处出现−64，需要向列（2）借 7 当 70，而 70−64=6，故得到列（1）处的 6，且列（2）处需要退位 7。

乘数 73 与 72 仅仅相差 1，73=72+1=9×8+1=(1,−1)×8+(0, 1)，反序得到 (−1, 1)×8+(1, 0)，由此得到乘数为 73 时的乘法速算秘诀：

乘以 73，每位减去前一位，取 8 倍后再加上前一位

例如，4638×73=338574，其心算过程如下：

被乘数		4	6	3	8
作差	4	2	–3	5	–8
8倍+前一位	32	20	–18	43	–56
整理	33	8	5	7	4

相应地，我们有乘数为 74 时的乘法速算秘诀：

乘以 74，每位减去前一位，取 8 倍后再加上前一位两次

例如，利用该口诀计算可得：4638×74=343212。

乘数 75 是 25 的倍数，因此可利用乘数为 25 时的口诀计算 75 参与的乘法。事实上，75=25×3=3×100÷4，由此我们立即得到乘数为 75 时的乘法速算秘诀：

乘以 75，后补两个 0，每位取 3 倍，再除以 4

例如，计算 6483×75 的心算过程如下：

被乘数×100	6	4	8	3	0	0
3倍	18	12	24	9	0	0
除以4	4	8	6	2	2	5
余数	2	0	0	1	2	0
	(1)	(2)	(3)	(4)	(5)	(6)

可见，6483×75=486225。计算时从高位算起，逐列进行，如列（1）处的 18 除以 4 余 2，将余数 2 下放到下一位变成 20，即列（2）处的 12 要加上 20 后再除以 4，得到 8，没有余数。

乘数 76 与 75 仅仅相差 1，因此可以通过后者计算前者参与的乘法。采用分数 $q=\frac{1}{4}$ 进位法，$76=3\times25+1=(3q, 0, 1)$，反序得到$(1, 0, 3q)$，由此得到乘数为 76 时的乘法速算秘诀：

乘以 76，后补两个 0，每位取 3 倍后除以 4，再加上前隔一位

例如，6483×76=492708，其具体的心算过程如下：

被乘数×100	6	4	8	3	0	0
3倍	18	12	24	9	0	0
除以4+前隔一位	4	8	12	6	10	8
余数	2	0	0	1	2	0
整理	4	9	2	7	0	8

乘数 77 是 11 的倍数，可以借助乘数为 11 时的速算方法，然后将所得的每位数乘以 7。于是，我们得到计算任意数乘以 77 时的乘法速算秘诀：

乘以 77，每相邻两位相加，再取 7 倍

乘数 78 与 77 仅仅相差 1，$78=77+1=(1, 1)\times7+(0, 1)$，反序得到$(1, 1)\times7+(1, 0)$，由此得到乘数为 78 时的乘法速算秘诀：

乘以 78，每相邻两位相加，取 7 倍后加上前一位

例如，根据该法进行计算，可得 1983×78=154674，其具体的心算过程如下：

被乘数		1	9	8	3
作和	1	10	17	11	3
7倍+前一位	7	71	128	85	24
整理	15	4	6	7	4

乘数 78 与 80 接近，即 78=80−2=(8,−2)，反序得到(8,−2)，由此得到乘数为 78 时的另一个速算秘诀：

乘以 78，每位取 8 倍，再减去前一位两次

例如，3429×78=267462，其心算过程如下：

被乘数	(0)	3	4	2	9	(0)
8倍		24	32	16	72	0
两次作差		24	26	8	68	−18
整理	2	6	7	4	6	2

最后看乘数 79。注意到 79=80−1=(8,−1)，反序得到(−1, 8)，由此得到乘数为 79 时的乘法速算秘诀：

乘以 79，每位取 8 倍，再减去前一位

例如，根据该方法进行心算，可得 3429×79=270891。

本节要点总结为乘数为七十几时的乘法速算要点：

乘数	要点
71、72	7 倍，加法
72、73、74	9 的倍数，加减法
75、76	25 的倍数，除以 4
77、78	11 的倍数，加法
78、79	8 倍，减法

注意，在做下列练习题时，只允许口算，而笔仅用于记录最后的答案。

练习题

口算下列乘积：

（1）3624×71；

（2）2346×72；

（3）7636×73；

（4）5874×74；

（5）3987×75；

（6）5866×76；

（7）5964×77；

（8）6754×78；

（9）4875×79；

（10）13579×75；

（11）46368×77；

（12）47698×78。

练习题答案：（1）257304；（2）168912；（3）557428；（4）434676；（5）299025；（6）445816；（7）459228；（8）526812；（9）385125；（10）1018425；（11）3570336；（12）3720444。你算对了吗？用时多少？

第 10 节　乘数为八十几时的速算秘诀

本节讨论多位数乘以八十几（81～89）时的速算秘诀，导出途径是：乘数的数字分解→速算基本公式→反序原理。

若两位数乘数的十位数为 8，个位数为 m，则该两位数可以写成$(8, m)=(1,-2, m)$，反序得到$(m,-2, 1)$。因此，我们得到乘数为八十几时的乘法速算秘诀：

乘以$(8, m)$，每一位取 m 倍，加上后隔一位，并减去中间位两次

例如，为了计算 5296×81，可将 00529600 中的每位数加上后隔一位，再减去中间位两次，其完整的心算过程如下：

被乘数	(0	0)	5	2	9	6	(0	0)
隔位加	5	2	14	8	9	6		
两次减去中间位	5	−8	10	−10	−3	6		
整理	4	2	8	9	7	6		
	(6)	(5)	(4)	(3)	(2)	(1)		

可见，5296×81=428976。整理行用于进退位处理，最后一行是列标记。例如，列（2）处出现−3，需要向列（3）借 1 当 10，而 10−3=7，故得到列（2）处的 7。类似地，可以计算 5296×82、5296×83、5296×84、5296×85 等。

乘数 85 的个位数是 5。利用分数 $h=\dfrac{1}{2}$ 的进位法，我们有：

$$85=(8+h,0)=(1,-1-h,0)=(1,-1-h)\times 10,$$

反序得到$(-1-h,1)\times 10$，由此得到乘数为 85 时的乘法速算秘诀：

乘以 85，每位减去前一位，再减去前一位的一半

当对奇数折半时会出现分数，消去 $\pm h$ 的方法是后一位额外加上或减去 5。

例如，4587×85=389895，其心算过程如下：

被乘数补00	4	5	8	7	0	0
折半	2	$3-h$	4	$4-h$		
作差	4	−1	h	−5	$-11+h$	
整理	3	8	9	8	9	5
	(6)	(5)	(4)	(3)	(2)	(1)

其中，在列（3）处，7 折半等于 $4-h$，作差后得到 7−8−4=−5，整理时由于高一位的 h 下放为 5 以及退位 2，需要借位 1 当作 10，10−2=8，故得到 8。列（2）处退位 h 后剩下−11，这时需要借位 2 当作 20，而 20−11=9，故得到 9。请大家思考，在本例中，计算前为什么要补充两个 0?

乘数 86 与 85 仅仅相差 1，因此可以通过后者计算前者参与的乘法。86=85+1=

$(1,-2+h,1)=(1,-1-h,1)$，反序后还是$(1,-1-h,1)$，根据乘法速算基本公式，可以得到乘数为 86 时的乘法速算秘诀：

乘以 86，隔位相加后减去中间位，再减去中间位的一半

例如，计算 4587×86 的心算过程如下：

被乘数补00	4	5	8	7	0	0
折半	2	$3-h$	4	$4-h$		
作和作差	4	−1	$4+h$	0	$-3+h$	7
整理	3	9	4	4	8	2

可见，4587×86=394482。

乘数 87、88、89 与 90 接近，因此，我们可以借助 90 计算这些乘数参与的乘法。我们将这三个乘数统一写成 $90-m$，其中 $m=3$、2、1。因为 $90=100-10$，所以

$$90-m=(1,-1,-m)$$

反序后得到$(-m,-1,1)$，由此立即得到乘数为 87、88、89 时的乘法速算秘诀：

乘以$(9,-m)$，每一位减去前一位，再减去更前一位的 m 倍

例如，计算 5283×87 的心算过程如下：

被乘数补00	5	2	8	3	0	0
3倍	15	6	24	9		
作差	5	−3	−9	−11	−27	−9
整理	4	5	9	6	2	1

可见，5283×87=459621。类似地，可以得到 5283×88=464904。乘数为 89 时的计算过程更简单，因为将上述心算过程中的倍数改为 1 后，就成为三位连续相减（后减去前）。例如，5283×89=470187 的心算过程如下：

被乘数补00	5	2	8	3	0	0
连续作差	5	−3	1	−7	−11	−3
整理	4	7	0	1	8	7

本节要点总结为乘数为八十几时的乘法速算秘诀：

乘数	秘诀	解释
81～85	乘以(8, m)，每一位取 m 倍，加上后隔一位，减去中间位两次	(8, m) =(1, −2, m)
85	每位减去前一位，再减去前一位的一半	分数进位，除法
86	隔位相加后减去中间位，再减去中间位的一半	
87～89	乘以(9, −m)，每一位减去前一位，再减去更前一位的 m 倍	(9, −m) =(1, −1, −m)

注意，在做下列练习题时，只允许口算，而笔仅用于记录最后的答案。

练习题

口算下列乘积：

（1）3462×81；

（2）2634×82；

（3）8763×83；

（4）6587×84；

（5）5398×85；

（6）7586×86；

（7）3596×87；

（8）4675×88；

（9）6487×89；

（10）13579×85；

（11）44636×87；

（12）84769×88。

练习题答案：（1）280422；（2）215988；（3）727329；（4）553308；（5）458830；（6）652396；（7）312852；（8）411400；（9）577343；（10）1154215；（11）3883332；

（12）7459672。你算对了吗？用时多少？

第 11 节　乘数为九十几时的速算秘诀

本节讨论多位数乘以九十几（91～99）时的速算秘诀，导出途径是：乘数的数字分解→速算基本公式→反序原理。

若两位数乘数的十位数为 9，个位数为 m，则该两位数可以写成$(9, m)=(1,-1, m)$，反序得到$(m,-1, 1)$，于是得到乘数为九十几时的乘法速算秘诀：

乘以$(9, m)$，每一位取 m 倍，加上后隔一位，再减去中间位

例如，为了计算 4927×91，可将 00492700 中的每一位数加上后隔一位，再减去中间位，其完整的心算过程如下：

被乘数	(0	0)	4	9	2	7	(0	0)
隔位加	4	9	6	16	2	7		
减中间位	4	5	−3	14	−5	7		
整理	4	4	8	3	5	7		
	(6)	(5)	(4)	(3)	(2)	(1)		

可见，4927×91=448357。最后一行是列标记。列（2）处出现−5，需要向列（3）借 1 当 10，而 10−5=5，故得到列（2）处的 5。计算时逐列进行，而且在每一列，加、减、整理是一气呵成的。

类似地，为了计算 4927×92，可将 00492700 中的每一位数加倍，然后加上后隔一位，再减去中间位，最后得到 4927×92=453284。类似地，可以计算 4927×93、4927×94、4927×95 等。

乘数 95 的个位数是 5，利用分数 $h=\frac{1}{2}$ 进位法，我们有：

$$95=(9+h, 0)=(1,-1+h, 0)=(1,-h, 0)=(1,-h)\times 10,$$

反序得到$(-h, 1)\times 10$。由此得到乘数为 95 时的乘法速算秘诀：

乘以 95，每一位减去前一位的一半，取 10 倍

当对奇数折半时，就会出现分数，而消去 $\pm h$ 的方法是后一位额外加上或减去 5。例如，8573×95 的心算过程如下：

被乘数补00	8	5	7	3	0	0
折半	4	$3-h$	$4-h$	$2-h$		
作差	8	1	$4+h$	$-1+h$	$-2+h$	
整理	8	1	4	4	3	5
	(6)	(5)	(4)	(3)	(2)	(1)

上述整理行就是最终的答案，即 $8573\times95=814435$。计算时从低位算起，逐列进行。例如，在列（3）处，3 折半等于 $2-h$，作差得 $3-(4-h)=-1+h$，整理时下放 h，剩下 -1，加上列（4）处下放的 h 当作 5，$5-1=4$，故得到列（3）处的 4。为什么在被乘数后补充两个 0 呢？其中一个 0 表示被乘数乘以 10，而另一个 0 是因为后位减去前位的需要而补充的。

乘数 96 与 95 仅仅相差 1，因此可以通过后者计算前者参与的乘法。采用分数 $h=\frac{1}{2}$ 进位法，$96=95+1=(1,-1+h,1)=(1,-h,1)$，反序后还是$(1,-h,1)$，由此得到乘数为 96 时的乘法速算秘诀：

乘以 96，隔位相加，再减去中间位的一半

例如，计算 8573×96 的心算过程如下：

被乘数补00	8	5	7	3	0	0
折半	4	$3-h$	$4-h$	$2-h$	0	
和差	8	1	$12+h$	$4+h$	$5+h$	3
整理	8	2	3	0	0	8

可见，$8573\times96=823008$。

乘数 97、98、99 与 100 接近，我们将这三个数统一写成 $100-m$，其中 $m=3$、2、1。进一步有 $100-m=(1,0,-m)$，反序得到$(-m,0,1)$，于是得到乘数为 97、98、99 时的乘法速算秘诀：

乘以 $100-m$，每一位减去前隔一位的 m 倍

例如，计算 5283×97 的心算过程如下：

被乘数补00	5	2	8	3	0	0
3倍	15	6	24	9		
作差	5	2	−7	−3	−24	−9
整理	5	1	2	4	5	1

可见，5283×97=512451。类似地，可以计算 5283×98，所不同的仅仅是将 3 倍改为 2 倍，最后得到 5283×98=517734。乘数为 99 时的计算过程更简单，因为将上述心算过程中的 2 倍改为 1 倍，就成为隔位直接相减（后减去前）：

被乘数补00	5	2	8	3	0	0
隔位作差	5	2	3	1	−8	−3
整理	5	2	3	0	1	7

可见，5283×99=523017。

本节要点总结为乘数为九十几时的乘法速算秘诀：

乘数	秘诀	解释
91~95	乘以$(9, m)$，每一位取 m 倍，加上后隔一位，再减去中间位	$(9, m)=(1, -1, m)$
95	每一位减去前一位的一半，取 10 倍	分数进位，除法
96	隔位相加，再减去中间位的一半	
97~99	乘以 $100-m$，每一位减去前隔一位的 m 倍	$100-m=(1, 0, -m)$

注意，在做下列练习题时，只允许口算，而笔仅用于记录最后的答案。

练习题

口算下列乘积：

（1）3346×91；

（2）4263×92；

（3）8576×93；

（4）8658×94；

（5）5839×95；

（6）4758×96；

（7）5369×97；

（8）4467×98；

（9）5648×99；

（10）13579×95；

（11）44763×97；

（12）84976×98。

练习题答案：（1）304486；（2）392196；（3）797568；（4）813852；（5）554705；（6）456768；（7）520793；（8）437766；（9）559152；（10）1290005；（11）4342011；（12）8327648。你算对了吗？用时多少？

第12节　两位数乘多位数速算综合演练

在以上各节中，除了第1、2节介绍的乘法速算基本公式以及主部提前进位法、虚拟进位法等一般方法外，其余小节逐个讨论了每一个两位数乘数的乘法速算方法。逐个介绍的好处是便于大家查阅和逐个练习，但是如此纷繁复杂的内容会不会让人眼花缭乱呢？其实，这里面是有规可循的，掌握诀窍后就可以融会贯通。本节就来进行一些梳理和综合演练。

首先，乘法速算基本公式是乘法速算的基础。基本公式将多位数的乘法归结为计算交叉乘积，因此通过化简交叉乘积就可以简化乘积的计算。可以通过主部提前进位法，将交叉乘积的计算转化为残部的计算；也可以通过大化小规则将大大乘积、大小乘积分别化成补积与退位积；还可以采用虚拟进位法，即首先对乘数与被乘数进行虚拟进位，然后利用补积与退位积。这些都是一般的方法。

其次，在讨论两位数乘数的时候，我们的基本想法是利用每个两位数的特点来获得计算乘积的特殊方法，这些方法使得每个乘数看起来就像一把在被乘数上逐位移动的尺子，尺子每到一处，就给出乘积的一位。要理解这把活动尺子，就要牢记反序原理。反序将交叉乘积转化成顺向乘积，从而得到乘数对应的活动尺子。比如，若乘数为 123，则交叉乘积等于用 1、2、3 从右往左分别去乘被乘数中连续的三位，即将 123 反序得到活动尺子 321，用 3、2、1 从左往右分别去乘被乘数中连续的三位。此时的 321 是不是就像一把活动尺子呢？

为了得到方便好用的活动尺子，需要对乘数进行适当的处理，我们称之为分解。若出现大数字 8、9，则可以通过进位将其转化成 -2、-1；若出现 3、4、6、7，则利用 5 进位法，将它们转化成 ± 1、± 2。总之，我们最终可以将乘数中的所有数字转化成 ± 1、± 2、$\pm\frac{1}{2}$ 等。比如，$28=(3,-2)=(h,-2,-2)$。我们把这种形式的分解叫作小数字分解。从理论上讲，任何整数都可以进行小数字分解。除了对乘数进行小数字分解外，还可以根据乘数与 9、11、25、37 等一些特殊数的关系进行分解，如 $37=9\times4+1=(1,-1)\times4+1$，$55=11\times5$，$36=25+11=(q,1,1)$，$37=111\div3$，$74=222\div3$。

分解不一定是唯一的。例如，在上述一些分解中，就出现了 37 的两种不同的分解方式。对于每一种分解，都可以得到一把活动尺子，因此就有相应的乘法速算秘诀。可见，掌握各个乘数的乘法速算秘诀的关键在于必须善于对乘数进行适当的分解。

根据上述讨论，我们给出任意多位数乘以两位数的如下速算方法：(1) 对乘数进行小数字分解，或者利用乘数与 9、11、25、37 等特殊数的关系进行分解；(2) 将分解结果反序，从而得到活动尺子；(3) 用活动尺子按顺序去乘除被乘数中连续的数位；(4) 在计算过程中还可以适当使用大化小规则，以进一步简化运算；(5) 通过进退位等手段整理每一位置的结果，从而得到最终的乘积。我们将这样的乘法速算方法叫作活动尺子法。该方法统一了本章第 3～11 节的全部内容。

请看使用活动尺子法来口算乘积的一些例子。

请问 $386\times37=$？乘数 37 可以有不同的分解方式。首先，$37=9\times4+1=(1,-1)\times4+(0,1)$，反序得到活动尺子 $(-1,1)\times4+(1,0)$。因此，第一种算法是用被乘数 03860 中的每一位减去前一位，取 4 倍后加上前一位。

$$03860\to((3-0)\times4+0,(8-3)\times4+3,(6-8)\times4+8,(0-6)\times4+6)$$
$$\to(12,23,0,-18)\to(14,2,8,2)\to14282$$

可见，$386\times37=14282$。其次，$37=(1,1,1)\div3$，反序得到活动尺子 $(1,1,1)\div3$。因此，第二种方法是对被乘数 0038600 中的每相邻三位求平均数即可。

$$0038600\to$$
$$((0+0+3)\div3,(0+3+8)\div3,(3+8+6)\div3,(8+6+0)\div3,(6+0+0)\div3)$$
$$\to(1,3,12,8,2)\to(1,4,2,8,2)\to14282$$

同样得到 $386\times37=14282$。

请问 $8367\times65=$？乘数 65 可分解为 $65=(6+h,0)$，活动尺子就是 $6+h$，因此计算该乘积的方法是将被乘数的 10 倍 83670 中的每一位乘以 6，再加上该位的一半。

$$83670\to(8\times6+8\div2,3\times6+3\div2,6\times6+6\div2,7\times6+7\div2,0)$$
$$\to(52,19+h,39,45+h,0)\to(54,3,8,5,5)\to543855$$

可见，$8367\times65=543855$。此外，乘数 65 还可以分解为 $65=(h,1+h,0)$，而 $(h,1+h)=(h,h)+(0,1)=(1,1)\times h+(0,1)=(1,1)\div2+(0,1)$，反序得到活动尺子 $(1,1)\div2+(1,0)$。因此，计算该乘积的另一种方法是在被乘数的 10 倍的首尾各补充一个 0，得到 0836700，然后对其中的每相邻两位求平均数，再加上其中的前一个数。

$$0836700\to$$
$$(0+(0+8)\div2,8+(8+3)\div2,3+(3+6)\div2,6+(6+7)\div2,7+(7+0)\div2,0)$$
$$\to(4,13+h,7+h,12+h,10+h,0)\to(5,4,3,8,5,5)\to543855$$

同样得到 $8367\times65=543855$。

请问 $834\times38=?$ 由于乘数 $38=(4,-2)=(4,-1-1)$，反序得到活动尺子 $(-1-1,4)$，因此，计算该乘积的方法是用被乘数 08340 中每一位的 4 倍减去高一位两次。

$$08340\to(8\times4-0-0,3\times4-8-8,4\times4-3-3,0\times4-4-4)$$
$$\to(32,-4,10,-8)\to(31,6,9,2)\to31692$$

可见，$834\times38=31692$。

在使用活动尺子法时，也可以结合大化小规则简化计算过程。例如，$4789\times38=?$ 乘数 $38=(4,-2)$，反序得到活动尺子 $(-2,4)$，因此，计算该乘积的方法是用被乘数 047890 中每一位的 4 倍减去高一位的 2 倍，再根据大化小规则进位，然后用大数字减去 10 参与运算。

被乘数	0	4	7	8	9	0
作差		20	–18	0	–2	2
整理		18	1	9	8	2
		(1)	(2)	(3)	(4)	(5)

可见，$4789\times38=181982$。作差行是每一位的 4 倍减去前一位的 2 倍的结果，其中用到了大化小规则，提前进位并将乘积变为退位积与补积。作差在列（1）～（5）处的结果分别是如何得到的呢？请看下表。

列	原始差	简化差	加进位	结果
(1)	$4\times4-0\times2$	$4\times4-0\times2$	4	20
(2)	$7\times4-4\times2$	$(-3)\times4-4\times2$	$4-2$	-18
(3)	$8\times4-7\times2$	$(-2)\times4-(-3)\times2$	$4-2$	0
(4)	$9\times4-8\times2$	$(-1)\times4-(-2)\times2$	-2	-2
(5)	$0\times4-9\times2$	$0\times4-(-1)\times2$	0	2

最后我们心算 869463853 与 73 的乘积，这是本章开头的例子。由于 $73=(1,-3,3)$，反序得到活动尺子 $(3,-3,1)$，因此计算方法是在被乘数的首尾各补充两个 0，并用每相邻两位之差的 3 倍加上后一位。

被乘数补0	8	6	9	4	6	3	8	5	3	0	0
临时进位	−2	1	−1	2	−1	1	−1	1			
差的3倍＋后一位	6	3	4	7	0	8	6	1	2	6	9
	(11)	(10)	(9)	(8)	(7)	(6)	(5)	(4)	(3)	(2)	(1)

因此，$869463853\times73=63470861269$。如从低位算起，则可以逐位直接报出答案，无须动笔。看第一行中的最后三位 300，$(3-0)\times3+0=9$，故得列（1）处的结果 9；往左推进一位，看相邻三位 530，$(5-3)\times3+0=6$，故得列（2）处的结果 6；继续往左推进，看相邻三位 853，$(8-5)\times3+3=12$，得到列（3）处的结果 2，同时得到列（4）处的临时进位 1……在列（11）处，看相邻三位 008，得到 6，计算完毕。你看，对于速算达人能做的乘法速算，你是不是也可以完成了？

本节是对本章内容的概括和总结。本章研究两位数乘数的乘法速算方法，其基础是多位数乘法速算基本公式，重要的方法包括以下三种。

主部提前进位法
虚拟进位法
活动尺子法

可以选用上述三种方法中的任意一种来完成下列口算题，不过我们建议选用活动尺子法。注意，在做下列练习题时，只允许口算，不过可以用笔来记录答案。

练习题

一、口算下列乘积：

（1）3896×11；

（2）4268×23；

（3）4857×38；

（4）7655×49；

（5）4829×55；

（6）5783×64；

（7）6689×78；

（8）5647×82；

（9）8564×98；

（10）97531×25；

（11）64348×73；

（12）87659×37。

二、将本章最开头提的例子中的乘数 73 换成 37 后重新计算乘积，即计算 869463853×37。

练习题答案：一、（1）42856；（2）98164；（3）184566；（4）375095；（5）265595；（6）370112；（7）521742；（8）463054；（9）839272；（10）2438275；（11）4697404；（12）3243383。二、32170162561。你算对了吗？用时多少？

第5章 多位数乘除法速算

你可以口算下列多位数的乘法吗？

第一题，7 位×9 位：7129368×593740628。

第二题，7 位×10 位：9725638×2349750618。

第三题，7 位×11 位：6314859×87420397516。

还有类似的大数字除法题，这些看起来是不是像不可能完成的任务？

2016 年 3 月 18 日，江苏卫视综艺节目《最强大脑》第 3 季举行中日对抗赛，结果是中日双方战成平局，中国“心算超人”陈冉冉与日本“心算大帝”土屋宏明平分秋色，同成为脑王候选人。在最后的附加赛环节，国际评委拿出 12 道对应不同星数的心算题，规则是：答对得星，答错不扣星，1 分钟内累积星数多者获胜。陈冉冉与土屋宏明都在 1 分钟内选答且答对了三道题，都获得了 39 颗星。土屋宏明选答的三道题目都是多位数除法题，而陈冉冉选答的就是上述三道多位数乘法题，分别为 12 星、13 星和 14 星。1 分钟之内完成三道多位数乘除法口算题，简直不可思议！

通过本章的学习，你会发现多位数乘除法心算不是梦，你也可以成为速算达人！我们将介绍一种全新的乘法速算方法——梅花积方法，该方法十分简捷，几乎没有口诀，然而非常高效，基本上可以做到见题直接报答案。在下一章中，我们还将简单地介绍九宫速算法，这本质上是基于中国传统文化中的洛书的算术心算方法。

第 1 节　退补积方法

在上一章第 1 节中，我们曾给出乘法速算基本公式：

设 $m \geqslant n$，则

$$\begin{Vmatrix} a_1a_2a_3\cdots a_m \\ b_1b_2b_3\cdots b_n \end{Vmatrix} = \left(\begin{Vmatrix} a_1 \\ b_1 \end{Vmatrix}, \begin{Vmatrix} a_1 & a_2 \\ b_1 & b_2 \end{Vmatrix}, \begin{Vmatrix} a_1 & \cdots & a_n \\ b_1 & \cdots & b_n \end{Vmatrix}, \begin{Vmatrix} a_2 & \cdots & a_{n+1} \\ b_1 & \cdots & b_n \end{Vmatrix}, \cdots, \right.$$

$$\left. \begin{Vmatrix} a_{m-n+1} & \cdots & a_m \\ b_1 & \cdots & b_n \end{Vmatrix}, \begin{Vmatrix} a_{m-n+2} & \cdots & a_m \\ b_2 & \cdots & b_n \end{Vmatrix}, \cdots, \begin{Vmatrix} a_{m-1} & a_m \\ b_{n-1} & b_n \end{Vmatrix}, \begin{Vmatrix} a_m \\ b_n \end{Vmatrix} \right)$$

这是本章的基础，它将任意两个多位数的乘积归结为一些交叉乘积。对于小数字较多的情况，可以直接套用上述公式进行口算。例如，对于 123×456，可以做如下口算：

$$\begin{Vmatrix} 123 \\ 456 \end{Vmatrix} = \left(\begin{Vmatrix} 1 \\ 4 \end{Vmatrix}, \begin{Vmatrix} 1 & 2 \\ 4 & 5 \end{Vmatrix}, \begin{Vmatrix} 1 & 2 & 3 \\ 4 & 5 & 6 \end{Vmatrix}, \begin{Vmatrix} 2 & 3 \\ 5 & 6 \end{Vmatrix}, \begin{Vmatrix} 3 \\ 6 \end{Vmatrix} \right)$$

$$\to (4, 13, 28, 27, 18) \to (5, 6, 0, 8, 8) \to 56088$$

即得 $123 \times 456 = 56088$。然而，当大数字较多时，直接套用基本公式未必适合口算。因此，必须设法化简交叉乘积。本节将介绍退位积、补积等化简方法，由此得到的速算方法叫作退补积法。

与退补积密切相关的是前一章介绍的大化小规则。

大化小规则一：大乘小 = 小进位 + 退位积

大化小规则二：大乘大 = 模十进位 + 补积

比如，由规则一得：

$$3 \times 8 = (3, 3 \times (8 - 10)) = (3, 3 \times (-2))。$$

这意味着通过进位 3，将 3×8 化成了退位积 $3\times(8-10)=3\times(-2)$。又如，由规则二得：

$$7\times8=(7+8-10,(7-10)\times(8-10))=(5,3\times2),$$

即将 7×8 化成了 7 与 8 的补积 3×2，这里所用的进位是 $7+8-10$，即 7 和 8 的模十进位。将乘法速算基本公式与大化小规则结合起来，我们得到了计算任意两个多位数的乘积的一种口算方法。请看下列例题。

问 $983\times278=$？答：273274。具体的心算过程如下：

$$\left[\!\left[\begin{matrix}983\\278\end{matrix}\right]\!\right]=\left(\left[\!\left[\begin{matrix}9\\2\end{matrix}\right]\!\right],\left[\!\left[\begin{matrix}9&8\\2&7\end{matrix}\right]\!\right],\left[\!\left[\begin{matrix}9&8&3\\2&7&8\end{matrix}\right]\!\right],\left[\!\left[\begin{matrix}8&3\\7&8\end{matrix}\right]\!\right],\left[\!\left[\begin{matrix}3\\8\end{matrix}\right]\!\right]\right)$$

$$=\left(\left[\!\left[\begin{matrix}9\\2\end{matrix}\right]\!\right]+2+6,\left[\!\left[\begin{matrix}-1&-2\\2&-3\end{matrix}\right]\!\right]+5+7,\left[\!\left[\begin{matrix}-1&-2&3\\2&-3&-2\end{matrix}\right]\!\right]+3+6,\left[\!\left[\begin{matrix}-2&3\\-3&-2\end{matrix}\right]\!\right],\left[\!\left[\begin{matrix}3\\8\end{matrix}\right]\!\right]\right)$$

$$=\left(18+2+6,1\times3-2\times2+5+7,2\times3+1\times2+3\times2+3+6,2\times2-3\times3,3\times8\right)$$

$$=(26,11,23,-5,24)=(27,3,2,7,4)=273274$$

其中，第一个等号的建立基于乘法速算基本公式，第二个等号的建立基于大化小规则，实际上就是将大数字都减去 10，从而将大小乘积与大大乘积分别转化成退位积与补积。交叉乘积 $\left[\!\left[\begin{matrix}9&8\\2&7\end{matrix}\right]\!\right]$ 只含有一个小数字 2，因此它可转化成一个退位积与一个补积，需要进位 $2+(7+9-10)=2+6$。可用类似的方法处理其他交叉乘积。头头乘积与尾尾乘积既可以用也可以不用大化小规则。本例所用的速算方法就是所谓的退补积方法。

在使用退补积之前，还可以采用虚拟进位法，这是我们在前两章中介绍的方法，同样也适用于计算任意两个多位数的乘积。看看下面的口诀：

后大前更大，头大尾前移
大小退位积，大大变补积
头头直接乘，小小直接积

这里的头是指多位数的最高位，但是请注意，尾是指所计算的当前位的低一位中与大头交叉对应的小尾巴数字，若对应的是大数字，则要通过减去 10 转化成带有负号的小数字——小尾巴。把这样的小尾巴进位到当前位上，这就是“头大尾前移”。所谓的“后大前更大”，当然就是指虚拟进位，即不改动引起进位的大数字，而仅仅在该大数字的前一位数字的右下角标注 1 以示进位即可。注意，最高位即使是大数字，也无须进位，大头 9 也不例外（即使由于后面的进位而变成 9_1，即变成 $t=10$ 也不要进位）。

比如，虚拟进位使得 2978 变成 $2_19_17_18$，即变成 $3t88$。注意，虚拟进位法在计算乘积时除了大头的小尾巴进位外，不需要其他进位。这是该方法的优点之一。下面给出用虚拟进位法计算乘积 7489×2978 的完整心算过程：

$$\left\llbracket\begin{matrix}7489\\2978\end{matrix}\right\rrbracket\to\left\llbracket\begin{matrix}[7]4_18_19\\2_19_17_18\end{matrix}\right\rrbracket\to\left\llbracket\begin{matrix}[7]599\\3t88\end{matrix}\right\rrbracket$$

$$\to\left(\left\llbracket\begin{matrix}7\\3\end{matrix}\right\rrbracket,\left\llbracket\begin{matrix}7&5\\3&t\end{matrix}\right\rrbracket,\left\llbracket\begin{matrix}7&5&9\\3&t&8\end{matrix}\right\rrbracket,\right.$$

$$\left.\left\llbracket\begin{matrix}7&5&9&9\\3&t&8&8\end{matrix}\right\rrbracket,\left\llbracket\begin{matrix}5&9&9\\t&8&8\end{matrix}\right\rrbracket,\left\llbracket\begin{matrix}9&9\\8&8\end{matrix}\right\rrbracket,\left\llbracket\begin{matrix}9\\8\end{matrix}\right\rrbracket\right)$$

$$\to\left(\left\llbracket\begin{matrix}7\\3\end{matrix}\right\rrbracket+0,\left\llbracket\begin{matrix}-3&5\\3&0\end{matrix}\right\rrbracket-2,\left\llbracket\begin{matrix}-3&5&-1\\3&0&-2\end{matrix}\right\rrbracket-2,\right.$$

$$\left.\left\llbracket\begin{matrix}-3&5&-1&-1\\3&0&-2&-2\end{matrix}\right\rrbracket,\left\llbracket\begin{matrix}5&-1&-1\\0&-2&-2\end{matrix}\right\rrbracket,\left\llbracket\begin{matrix}-1&-1\\-2&-2\end{matrix}\right\rrbracket,\left\llbracket\begin{matrix}-1\\-2\end{matrix}\right\rrbracket\right)$$

$$\to(21,13,1,-7,-8,4,2)\to(22,3,0,2,2,4,2)\to22302242$$

可见，$7489\times2978=22302242$。本例中的大头 7 用中括号标注，它所对应的尾巴有三个，分别是 t、8 和 8，均为大尾巴。它们转化成小尾巴后就是 0、-2 和 -2，这就是最开始的三个位置的进位。

本节要点总结为利用乘法速算基本公式计算乘积的几种方法：

一、直接套用基本公式	不使用任何化简方法
二、采用退补积，但不虚拟进位	依照大化小规则进位，采用退位积、补积
三、采用虚拟进位法	头大尾前移导致进位，采用退位积、补积

为了熟练掌握本节介绍的方法，必须进行一定量的训练。注意，在做下列练习题时，不可以使用任何计算工具，而仅用笔记录答案。

练习题

口算下列乘积：

（1）123×123；

（2）241×132；

（3）456×217；

（4）385×687；

（5）789×358；

（6）1234×321；

（7）3836×799；

（8）2144×126；

（9）7879×346；

（10）2659×2987；

（11）4563×9678；

（12）5698×3679。

练习题答案：（1）15129；（2）31812；（3）98952；（4）264495；（5）282462；（6）396114；（7）3064964；（8）270144；（9）2726134；（10）7942433；（11）44160714；（12）20962942。你算对了吗？用时多少？

第 2 节　史丰收乘法速算秘诀

史丰收的乘法速算方法在本质上以乘法速算基本公式为基础。为了化简交叉乘积，史丰收采用将进位与个位分离的方法。

我们先看一个简单的例子，比如 369×3。当计算该乘积的百位数的时候，需要把 3×3 的个位数 9（叫作本个）与 69×3 的百位数 2（即后进）相加后再取个位数（即做模十加法），也就是 $9+2=11$ 取个位数，得到 1（叫作位积）。此时的后进是由百位之后的所有位决定的，即由 69 决定。为什么此时的后进等于 2 呢？将分数 $\frac{1}{3}$、$\frac{2}{3}$ 化成小数后得到 $\frac{1}{3}=0.\dot{3}$，$\frac{2}{3}=0.\dot{6}$，转化成乘法就是 $0.\dot{3}\times3=1$，$0.\dot{6}\times3=2$。这意味着当一个小于 $0.\dot{3}$ 的数与 3 相乘的时候，乘积的个位数等于 0；当一个大于或等于 $0.\dot{6}$ 的纯小数与 3 相乘的时候，乘积的个位数等于 2；当一个大于或等于 $0.\dot{3}$ 且小于 $0.\dot{6}$ 的数与 3 相乘的时候，乘积的个位数等于 1。回到上述例子，将 69 视为 0.69，它与 3 的乘积的个位数应该等于 2，这就是后进等于 2 的缘由。

为了完整地计算 369×3，可以在被乘数的前面补充一个 0，得到 0369。0369×3 的千位位积等于 1，这是因为 0×3 的个位数是 0，被乘数中千位往后的部分是 369，看成小数时是 0.369，它介于 $0.\dot{3}$ 和 $0.\dot{6}$ 之间，由此得到千位上的后进等于 1，由 $0+1$ 得到位积 1。类似地，十位位积等于 0，因为 $8+2=10$，取个位数就是 0；个位位积等于 7，因为此时后进等于 0。总之，我们得到 $0369\times3=1107$。

从上述例子中，我们得到用史丰收速算法计算多位数与一位数的乘积的具体方法，即在被乘数的前面补充一个 0，然后从高位开始，即从前往后逐位计算位积。

位积=（本个+后进）取个位

后进的计算方法可以根据乘数所对应的分数来编制口诀。例如，对于乘数 3，通过计算分数$\frac{1}{3}$、$\frac{2}{3}$可知，满$0.\dot{3}$进1，满$0.\dot{6}$进2。忽略其中的小数点，可以说进位口诀是：满$\dot{3}$进1，满$\dot{6}$进2。注意计算后进的时候，要观察被乘数中当前位后面所有的数位，而不是只看当前位的后一位。同理，通过计算分数$\frac{1}{4}$、$\frac{2}{4}$、$\frac{3}{4}$，就可以得到乘数4的进位口诀：满25进1，满50进2，满75进3；计算后进的时候，要观察被乘数中当前位后面紧邻的两位。

下面列出了乘数为2～9时的进位口诀。

乘数	进位口诀
2	满5进1
3	满$\dot{3}$进1，满$\dot{6}$进2
4	满25进1，满50进2，满75进3
5	满2进1，满4进2，满6进3，满8进4
6	满$1\dot{6}$进1，满$\dot{3}$进2，满5进3，满$\dot{6}$进4，满$8\dot{3}$进5
7	满$\dot{1}4285\dot{7}$进1，满$\dot{2}8571\dot{4}$进2，满$\dot{4}2857\dot{1}$进3，满$\dot{5}7142\dot{8}$进4，满$\dot{7}1428\dot{5}$进5，满$\dot{8}5714\dot{2}$进6
8	满125进1，满250进2，满375进3，满500进4，满625进5，满750进6，满825进7
9	满$\dot{1}$进1，满$\dot{2}$进2，满$\dot{3}$进3……满$\dot{8}$进8

多位数的乘积相当于将多位数与多个一位数的乘积错位累加起来，而累加可能产生新的进位，不可以忽略。这实际上相当于利用乘法速算基本公式，只不过将所有的数字乘积统统换成前面讲过的位积，即换成本个加上后进后再取个位，而交叉乘积则变成一些位积的和。注意，位积之间的和本身是普通的加法，若有进位，则不可忽略。下面看一个例子。

为了计算 369×34，可以在被乘数的前面补充一个0，得到0369，然后用一位数乘数的速算方法分别得到：

$$0369\times3=1107，0369\times4=1476。$$

因此，0369×34=11070+1476=12546。我们可以将这些运算过程纳入乘法速算基本公式的框架中来，只不过要注意将数字之间的乘积统统换成位积：

$$\begin{bmatrix}0369\\34\end{bmatrix}=\left(\begin{bmatrix}0\\3\end{bmatrix},\begin{bmatrix}0&3\\3&4\end{bmatrix},\begin{bmatrix}3&6\\3&4\end{bmatrix},\begin{bmatrix}6&9\\3&4\end{bmatrix},\begin{bmatrix}9\\4\end{bmatrix}\right)$$

$$\rightarrow\begin{pmatrix}[0\times3+1]\\ [0\times4+1]+[3\times3+2]\\ [3\times4+2]+[6\times3+2]\\ [6\times4+3]+[9\times3+0]\\ [9\times4+0]\end{pmatrix}\rightarrow\begin{pmatrix}1\\1+1\\4+0\\7+7\\6\end{pmatrix}\rightarrow\begin{pmatrix}1\\2\\4\\14\\6\end{pmatrix}$$

$$\rightarrow(1,2,5,4,6)\rightarrow12546$$

上述计算过程中的每个方括号代表一个位积，其中的运算是模十运算。例如，[6×3+2]=[18+2]=0，这里含有后进 2，这是因为被乘数当前位的后面是 9，超过了 $\dot{6}$，根据乘数 3 的进位口诀，进 2。又如，[6×4+3]=[24+3]=7，这里含有后进 3，这是因为被乘数当前位的后面是 90，超过了 75，根据乘数 4 的进位口诀，进 3。位积与位积之间的运算是普通的加法，如 7+7=14，保留 4，进位 1 不可忽略。

本节要点可以总结为计算乘积的史丰收速算法，特别注意：

在被乘数前补充一个 0，从高位算起
采用基本速算公式，将其中的数字乘积都换成位积
位积等于本个加上后进，用模十加法
计算后进时要看被乘数当前位后面的所有数字
不同的乘数有不同的进位口诀，详见进位口诀表
位积之间的加法是普通的加法运算

要熟练掌握史丰收的这套乘法速算方法，一定要牢记进位口诀和上述要点，并且进行大量的训练。注意，在做下列练习题时，不可以使用任何计算工具，而仅用笔记录答案。

练习题

口算下列乘积：

（1）936×4；

（2）438×6；

（3）766×7；

（4）978×8；

（5）367×13；

（6）789×47；

（7）236×92；

（8）647×328；

（9）873×269；

（10）7585×567；

（11）4567×6789；

（12）67835×397。

练习题答案：（1）3744；（2）2628；（3）5362；（4）7824；（5）4771；（6）37083；（7）21712；（8）212216；（9）234837；（10）4300695；（11）31005363；（12）26930495。你算对了吗？用时多少？

第 3 节　乘法速算最新神器——剪刀积

为了简化交叉乘积的计算，我们引入一个重要的概念——剪刀积。顾名思义，它是将普通的乘法运算“剪掉”一部分所得。大家十分熟悉普通的九九乘法表，对此稍加修改，就可以得到剪刀积。因此，剪刀积的概念不难理解，具体的剪刀积也很容易计算。剪刀积是普通乘积的简化，它们之间的加法运算十分简单，非常适合心算。又由于与剪刀积配套的进位十分容易，因此剪刀积成为多位数乘法速算的强有力工具。本节介绍剪刀积的基本概念、简单性质、剪刀积表以及口诀。

随便给定两个一位数（既可以相同也可以不同），比如说 3 和 8，我们知道 3 和 8 的普通乘积等于 24。3 与 8 中较小的数是 3，减去 1 后等于 2，而 2 乘以 10 等于 20。现在我们用普通乘积 24 减去这个 20，得到 4，于是我们说 3 与 8 的降一剪刀积等于 4，将其记为：

$$3 \wedge 8 = 4。$$

再如，7 与 8 的降一剪刀积等于 56－60=－4，即

$$7 \wedge 8 = 7 \times 8 - (\min(7,8) - 1) \times 10 = -4，$$

其中，记号 min(7,8) 表示 7 与 8 两个数中较小的数 7，即 min(7,8) =7。

一般地，两个数 a 和 b 的降一剪刀积定义为：

$$a \wedge b = a \times b - (\min(a,b) - 1) \times 10$$

从定义可见，降一剪刀积就是两个数的普通乘积从十位上减去一个数，所减去的这个数比原来的两个数中的较小者还要小 1。降一剪刀积有点像退位积，但是前者比后者退位的力度要小，往往更切合实际。下面讨论降一剪刀积的一些基本性质。

由于两个数的普通乘积以及求较小者运算都具有交换律，两个数的降一剪刀积也具有交换律，即

$$a \wedge b = b \wedge a$$

前面讲过，若两个数的和等于 10，则称其中的一个数是另一个数（关于 10）的补数。例如，8 的补数等于 2，记为 $\tilde{8} = 2$。降一剪刀积的概念与补数的概念有着密切的关系。比如，$3 \wedge 8 = 3 \times 8 - (3-1) \times 10 = 10 - 3 \times (10-8) = 10 - 3 \times \tilde{8} = \widetilde{3 \times \tilde{8}}$。可见，两个数的降一剪刀积等于其中较小者与另一个数的补数的乘积的补数。若 $a \leqslant b$，则有：

$$a \wedge b = \widetilde{a \times \tilde{b}}$$

我们知道，一个数的补数的补数回到原来的数。例如，2 的补数是 8，而 8 的补数回到 2；3 的补数是 7，而 7 的补数回到 3。根据上述性质进行计算，可得：$7 \wedge 2 = 2 \wedge 7 = \widetilde{2 \times \tilde{7}} = \widetilde{2 \times 3} = \widetilde{3 \times 2} = \widetilde{3 \times \tilde{8}} = 3 \wedge 8$。可见，$\tilde{3} \wedge \tilde{8} = 3 \wedge 8$。也就是说，3

与 8 都求补数后再求降一剪刀积，等于 3 与 8 原来的剪刀积。因此，我们说降一剪刀积具有双补还原性。

$$\tilde{a} \wedge \tilde{b} = a \wedge b$$

从通常的九九乘法表出发，并做适当的退位处理，就能立即得到以下的降一剪刀积表。

∧	一	二	三	四	五	六	七	八	九
一	1	2	3	4	5	6	7	8	9
二		−6	−4	−2	0	2	4	6	8
三			−11	−8	−5	−2	1	4	7
四				−14	−10	−6	−2	2	6
五					−15	−10	−5	0	5
六						−14	−8	−2	4
七							−11	−4	3
八								−6	2
九									1

降一剪刀积表具有如下一些明显的良好性质：

（1）每一行为递增的等差数列，第 a 行中的数每次增加 a；

（2）每一列为递减的等差数列，第 b 列中的数从 b 开始，每次减少 $\tilde{b}$ ；

（3）整个表关于副对角线（撇的方向）对称，即倒数第 n 行倒过来看与第 n 列完全相同；

（4）降一剪刀积取正的时候，结果就是普通乘积的个位数。

在上表的主对角线（捺的方向）以及与之相邻的斜线上有比较多的两位数，我们可以设法将它们变成一位数。

若 a、b 是 3 至 7 之间的数字，且它们相同或者相邻（即至多相差 1），则我们称这两个数字或它们的乘积是三七同临的。例如，3×3、3×4、4×4、4×5……7×7 是三七同临的。注意，虽然 1 与 1、9 与 9 都是相同的数对，2 与 3、7 与 8 都是相邻的数对，但是它们超出了数字 3 与 7 构成的区间范围，因此都不是三七同临的。

对于三七同临的数对 a、b，我们可以这样定义降二剪刀积：

$$a\triangle b = a\times b-(\min(a,b)-2)\times 10$$

例如，3 与 3 的降二剪刀积为：

$$3\triangle 3 = 3\times 3-(3-2)\times 10 = 9-10 = -1\ ;$$

7 与 8 的降二剪刀积为：

$$7\triangle 8 = 7\times 8-(7-2)\times 10 = 56-50 = 6\ 。$$

不难看出，三七同临的数对的降二剪刀积都变成了一位数（可能带有负号）。

可以证明，降二剪刀积也满足交换律和双补还原性。

$$a\triangle b = b\triangle a$$
$$\tilde{a}\triangle\tilde{b} = a\triangle b$$

例如，$3\triangle 4 = 4\triangle 3 = 2$，$6\triangle 6 = \tilde{4}\triangle\tilde{4} = 4\triangle 4 = -4$。

降一剪刀积与降二剪刀积统称为剪刀积。对三七同临的数对采用降二剪刀积，其余数对仍然采用降一剪刀积，那么上述降一剪刀积表可修改为如下更为简单的剪刀积表。

剪刀积	一	二	三	四	五	六	七	八	九
一	1	2	3	4	5	6	7	8	9
二		−6	−4	−2	0	2	4	6	8
三			−1	2	−5	−2	1	4	7
四				−4	0	−6	−2	2	6
五					−5	0	−5	0	5
六						−4	2	−2	4
七							−1	−4	3
八								−6	2
九									1

由于剪刀积具有交换律，若将剪刀积表中的所有空格填满，则可以看到整个表关于其主对角线是完全对称的。正是根据这种对称性，我们在上述两个剪刀积表中都留下了一半空白，以求简洁。

在修改后的剪刀积表中，有 16 个负数和 4 个 0，其余的为正数。凡是剪刀积等于零或正数的，都等于普通乘积的个位数；凡是为负的，都是普通乘积的个位数减去 10。因此，整个剪刀积表很容易从普通的乘法表获得，因而很容易掌握。

练习题

口算下列剪刀积：

（1）$8 \wedge 2$；

（2）$9 \wedge 3$；

（3）$7 \wedge 4$；

（4）$6 \wedge 5$；

（5）$2 \wedge 6$；

（6）$6 \wedge 7$；

（7）$9 \wedge 8$；

（8）$6 \triangle 6$；

（9）$7 \wedge 5$；

（10）$4 \triangle 4$；

（11）$5 \triangle 5$；

（12）$8 \wedge 8$。

练习题答案：（1）6；（2）7；（3）−2；（4）−10；（5）2；（6）−8；（7）2；（8）−4；（9）−5；（10）−4；（11）−5；（12）−6。你算对了吗？用时多少？

第 4 节　大道至简——小小进位法

将剪刀积应用于乘法时，需要与小小进位法配套使用。所谓小小进位法，就是小其小再进位，即将相乘的两个数中的较小者减去一二后再进位。这种进位法十分简单，然而如此进位之后，普通的乘积则转化成剪刀积，且都变成带有正负号的一位数，从而交叉乘积便转化成普通的一位数的加减法，这样十分便于口算。

首先来看小小进位法的根据何在。由降一剪刀积的定义可知：

$$a \wedge b = a \times b - (\min(a, b) - 1) \times 10$$

将上式变形后，得到：

$$a \times b = (\min(a, b) - 1, a \wedge b)$$

可见，将 $\min(a,b)-1$ 进位之后，剩下的部分就是降一剪刀积 $a \wedge b$ 。进位量 $\min(a,b)-1$ 就是将 a、b 两个数中的较小者减去 1。

若 a、b 是三七同临的，根据降二剪刀积的定义，则有：

$$a \triangle b = a \times b - (\min(a, b) - 2) \times 10$$

将上式变形后，可得：

$$a \times b = (\min(a, b) - 2, a \triangle b)$$

可见，将 $\min(a,b)-2$ 进位之后，剩下的部分就是降二剪刀积 $a \triangle b$ 。进位量 $\min(a,b)-2$ 就是将 a、b 两个数中的较小者减去 2。

总之，将两个数中的较小者减去一二后进位，这就是小小进位法。若减去 1 进位，则乘积转化为降一剪刀积；若减去 2 进位，则乘积转化为降二剪刀积。比如，由小小进位法可得：

$$3 \times 8 = (3 - 1, 3 \wedge 8) = (2, 4) = 24\ ,$$

$$3 \times 5 = (3 - 1, 3 \wedge 5) = (2, -5) = 15\ ,$$

$$8 \times 9 = (8 - 1, 8 \wedge 9) = (7, 2) = 72\ ,$$

$$3 \times 3 = (3 - 2, 3 \triangle 3) = (1, -1) = 9\ ,$$

$$4\times4=(4-2,4\triangle4)=(2,-4)=16,$$
$$7\times7=(7-2,7\triangle7)=(5,-1)=49,$$

其中，前三个乘积属于一般情况，应用了降一进位，后三个乘积属于三七同临，应用了降二进位。有人也许会问，既然$3\times8=24$，就直接根据普通乘法口诀将2进位不是很好吗？不一样，现在我们直接将较小者3减去1后进位，也就是在计算乘积之前就知道进位是多少。如此进位十分便捷，并且思路清晰，不受其余信息的干扰，这对速算来说是非常重要的。不仅如此，进位之后，数字乘积都转化成剪刀积，而后者都变成一位数了。当计算多位数的乘积时，交叉乘积就变成一位数的加减法，这就大大简化了交叉乘积的计算，十分便于速算。这正是小小进位法与剪刀积的奥妙所在！

我们将小小进位法与剪刀积的概念结合起来用于多位数的乘法速算，这种方法称为小小进位法或者剪刀积方法。下面我们看一些例题。

首先，看一个多位数乘以一位数的例子。为了计算789×4，可以将每一数位上的乘积转化成降一剪刀积，同时将其中的小数字减去1之后进位。比如，8×4转化成降一剪刀积$8\wedge4=2$，同时需要进位的量等于$4-1$。完整的心算过程如下：

$$6789\times4\to(6\times4,7\times4,8\times4,9\times4)$$
$$\to(6\times4+(4-1),7\wedge4+(4-1),8\wedge4+(4-1),9\wedge4)$$
$$\to(24+3,-2+3,2+3,6)\to(27,1,5,6)\to27156$$

因此，$6789\times4=27156$。

其次，看一个两位数相乘的例子。为了计算89×32，根据乘法速算基本公式，需要计算交叉乘积$8\times2+9\times3$。我们用小小进位法将$(2-1)+(3-1)=(2+3-2)$进位后，只需要计算降一剪刀积的和，即$8\wedge2+9\wedge3=6+7$。对于尾尾乘积9×2，也可以用小小进位法将$2-1$进位后变成降一剪刀积$9\wedge2=8$。头头乘积可以直接相乘。完整的心算过程如下：

$$\begin{Vmatrix}89\\32\end{Vmatrix}\to\left(\begin{Vmatrix}8\\3\end{Vmatrix},\begin{Vmatrix}8&9\\3&2\end{Vmatrix},\begin{Vmatrix}9\\2\end{Vmatrix}\right)\to$$
$$(8\times3+(3+2-2),8\wedge2+9\wedge3+(2-1),9\wedge2)$$
$$\to(24+(3+2-2),6+7+(2-1),8)$$
$$\to(27,14,8)\to(28,4,8)\to2848$$

可见，$89\times32=2848$。

接下来，看一个三位数相乘的例子。为了计算 234×678，首先利用乘法速算基本公式，然后采用小小进位法，将交叉乘积中所有的数字乘积以及尾尾乘积都转化成降一剪刀积，如 $3\wedge6=-2$，$4\wedge6=-6$，$3\wedge7=1$，等等。进位量等于小者减去 1，头头乘积可以直接相乘。完整的心算过程如下：

$$\begin{Vmatrix}234\\678\end{Vmatrix}\to\left(\begin{Vmatrix}2\\6\end{Vmatrix},\begin{Vmatrix}2&3\\6&7\end{Vmatrix},\begin{Vmatrix}2&3&4\\6&7&8\end{Vmatrix},\begin{Vmatrix}3&4\\7&8\end{Vmatrix},\begin{Vmatrix}4\\8\end{Vmatrix}\right)\to$$
$$\to\begin{pmatrix}2\times6+(2+3-2)\\2\wedge7+3\wedge6+(2+3+4-3)\\2\wedge8+3\wedge7+4\wedge6+(3+4-2)\\3\wedge8+4\wedge7+(4-1)\\4\wedge8\end{pmatrix}\to\begin{pmatrix}12+3\\4-2+6\\6+1-6+5\\4-2+3\\2\end{pmatrix}$$
$$\to(15,8,6,5,2)\to158652$$

可见，$234\times678=158652$。

最后看一个多位数乘法的例子，其中出现了三七同临的情况，需要将小者减去 2 进位并采用降二剪刀积。为了计算 3478×358，首先利用乘法速算基本公式，然后采用小小进位法，将交叉乘积中所有的数字乘积以及尾尾乘积都转化成降一剪刀积或者降二剪刀积。如 $3\wedge5=-5$，$3\wedge8=4$ 等是降一剪刀积，进位量等于小者减去 1，即等于 $3-1$；而 $3\triangle4=2$，$4\triangle5=0$ 等是降二剪刀积，进位量等于小者减去 2，即分别等于 $3-2$ 与 $4-2$。头头乘积可以直接相乘，如 $3\times3=9$。从高位开始计算，乘积或者剪刀积加上进位即可。完整的心算过程如下：

$$\begin{bmatrix}3478\\358\end{bmatrix}\rightarrow\left(\begin{bmatrix}3\\3\end{bmatrix},\begin{bmatrix}3&4\\3&5\end{bmatrix},\begin{bmatrix}3&4&7\\3&5&8\end{bmatrix},\begin{bmatrix}4&7&8\\3&5&8\end{bmatrix},\begin{bmatrix}7&8\\5&8\end{bmatrix},\begin{bmatrix}8\\8\end{bmatrix}\right)$$

$$\rightarrow\begin{pmatrix}3\times3+(3+3-1-2)\\3\wedge5+3\triangle4+(3+3+4-1-2-1)\\3\wedge8+4\triangle5+7\wedge3+(3+4+5-3)\\4\wedge8+7\wedge5+8\wedge3+(5+7-1-1)\\7\wedge8+8\wedge5+(8-1)\\8\wedge8\end{pmatrix}$$

$$\rightarrow\begin{pmatrix}12\\-5+2+6\\4+0+1+9\\2-5+4+10\\-4+0+7\\-6\end{pmatrix}\rightarrow\begin{pmatrix}12\\3\\14\\11\\3\\-6\end{pmatrix}$$

$$\rightarrow(12,4,5,1,2,4)\rightarrow1245124$$

可见，3478×358=1245124。

本节要点为口算多位数乘法的剪刀积方法，该方法可总结为三个步骤：乘法速算基本公式→小小进位→剪刀积。具体的进位方法是小小进位法。

情况	剪刀积	进位
一般情况	降一剪刀积	小者减去 1
三七同临	降二剪刀积	小者减去 2

要熟练地掌握小小进位法，必须进行一定量的训练。注意，在做下列练习题时，不可以使用任何计算工具，而仅用笔记录答案。

练习题

用剪刀积方法口算下列乘积：

（1）47×23；

（2）54×46；

（3）123456789×6；

（4）478×57；

（5）437×245；

（6）687×366；

（7）279×836；

（8）4678×728；

（9）4634×439；

（10）1357×2456；

（11）67654×827；

（12）12345×56789。

练习题答案：（1）1081；（2）2484；（3）740740734；（4）27246；（5）107065；（6）251442；（7）233244；（8）3405584；（9）2034326；（10）3332792；（11）55949858；（12）701060205。你算对了吗？用时多少？

第 5 节　乘法的梅花积方法

在使用乘法速算基本公式时，如果联合使用剪刀积与退位积，就可以将所有的数字乘积都化成介于−6 与 3 之间的整数，从而让整个乘法速算过程变得更为简捷。由此，我们得到速算多位数乘积的一种崭新的方法——梅花积方法。

观察本章第 3 节中的剪刀积表，不难发现：只有靠右上角的一个适当范围内有一些大于 3 的数。我们首先明确这个范围。第一行 1×4、1×5……1×9 与最后一列 1×9、2×9……6×9 的共同特点是相乘的两个数字之差至少为 3。此外，在 2×7、2×8、2×9、3×8、3×9 中，相乘的两个数字之差至少为 5。因此，我们可以将这个范围概括为“隔三岔五”。这实际上是要求数字之间的距离尽量远些，当乘数含有 1 和 9 时，差距至少为 3；否则，差距至少为 5。

为了将剪刀积表中的所有数字都化成介于−6与3之间的数，只需将上述“隔三岔五”范围内的剪刀积都减去10，这相当于在相应位置做退位积处理。这是因为降一剪刀积与退位积相差10。

$$a \wedge b = \{a \times b - \min(a,b) \times 10\} + 10,$$

其中，花括号内的部分恰好是 a 与 b 的退位积。

可见，通过降一剪刀积、降二剪刀积以及退位积，可以将乘法表中的所有数都化成−6与3之间的数。我们将两个数字的乘积减去10的适当倍数后使得结果为−6与3之间的数的运算叫作求这对数字的梅花积。确切地说，数字 a 与 b 的梅花积 $a \otimes b$ 的定义为：

$$a \otimes b = \begin{cases} a\text{与}b\text{的退位积，} & \text{当}a\text{、}b\text{“隔三岔五”时；} \\ a \triangle b, & \text{当}a\text{、}b\text{三七同临时；} \\ a \wedge b, & \text{其余。} \end{cases}$$

将“隔三岔五”范围改用退位积后，剪刀积表变为以下梅花积表。

⊗	一	二	三	四	五	六	七	八	九
一	1	2	3	−6	−5	−4	−3	−2	−1
二		−6	−4	−2	0	2	−6	−4	−2
三			−1	2	−5	−2	1	−6	−3
四				−4	0	−6	−2	2	−4
五					−5	0	−5	0	−5
六						−4	2	−2	−6
七							−1	−4	3
八								−6	2
九									1

无须背诵该表，因为根据普通的乘法口诀，可以迅速获得任意两个数的梅花积。例如，因为 $3 \times 3 = 9$，而个位数9超过了3，因此将其减去10，立即得到 $3 \otimes 3 = -1$；因为 $4 \times 8 = 32$，而个位数2小于3，所以 $4 \otimes 8 = 2$；因为 $5 \times 7 = 35$，而个位数5超过了3，因此将5减去10，立即得到 $3 \otimes 5 = -5$。总之，梅花积的计算十分简单。

梅花积：普通乘积，取个位，个位超 3 减去 10

梅花积的概念可以推广到整数范围。任意两个整数的梅花积等于一个介于 -6 与 3 之间的整数，而且它与给定的两个整数的普通乘积模十同余。不难验证，梅花积有如下一些简单的性质：

（1）$a\otimes b=b\otimes a$；

（2）$(a\otimes b)\otimes c=a\otimes(b\otimes c)$；

（3）$(a\times b)\otimes c=a\otimes(b\times c)$；

（4）$a\otimes b=(a-10)\otimes b=a\otimes(b-10)=(a-10)\otimes(b-10)$；

（5）当 a 为偶数时，$a\otimes b=a\otimes(b-5)$；

（6）当 a、b 的奇偶性不同时，$a\otimes b=(a-5)\otimes(b-5)$。

可以利用这些性质来化简一些梅花积，例如：

$$4\otimes 9=4\otimes(9-10)=4\otimes(-1)=-4\ ;$$

$$9\otimes 8=(9-10)\otimes(8-10)=(-1)\otimes(-2)=2\ ;$$

$$4\otimes 8=(4-5)\otimes(8-10)=(-1)\otimes(-2)=2\ ;$$

$$6\otimes 8=(6-5)\otimes(8-10)=1\otimes(-2)=-2\ ;$$

$$4\otimes 6=(4-5)\otimes 6=(-1)\otimes 6=-6\ 。$$

下面我们分析用梅花积计算多位数乘积的方法，基本思路还是利用乘法速算基本公式，采用梅花积计算任意数对的乘积，接下来只需要考虑如何进位。

根据前面的梅花积定义可知，对于三七同临的范围，应该用降二剪刀积，相应的进位方法是降二进位；对于“隔三岔五”的范围，应该用退位积，相应的进位方法是将小者直接进位；对于梅花积表中其余的范围，都采用降一剪刀积，相应的进位方法都是降一进位。在上述三种情形中，最后一种是中间状态，而且范围最为广泛。因此，我们可以事先约定，首先按照降一进位法进位，然后根据数字之间的远近情况适当微调（若遇到第一种情形，则再将 -1 进位；若遇到第二种情形，则再将 $+1$ 进位）。这样的进位方法叫作小小进位微调法。

默认小者降一进，三七同临再降一，隔三岔五反加一

梅花积不仅容易计算，而且大部分为负数或零，即使为正也不超过 3。由于进位不可能是负数，因此梅花积加上后面的进位通常不会太大，而且容易出现正负互相抵消的情况，这就使得乘法速算变得十分容易。这正是梅花积的奥妙所在。利用梅花积来计算多位数乘积的方法叫作梅花积方法。下面我们看一些例题。

在计算 123456789×7 时，可以从高位算起，每一位乘以 7。除了首位直接相乘以外，其余每一位上的数字乘积都可以化为梅花积加上进位，默认的进位为小者减去 1，再根据数字之间的远近情况进行加 1 或减 1 的调整。例如，2×7 属于“隔三岔五”的情形（远），进位时需要加上 1；6×7、7×7 属于三七同临的情形（近），进位时需要再减去 1。完整的心算过程如下：

$$\begin{bmatrix}123456789\\7\end{bmatrix}\rightarrow$$

$$\left(\begin{bmatrix}1\\7\end{bmatrix},\begin{bmatrix}2\\7\end{bmatrix},\begin{bmatrix}3\\7\end{bmatrix},\begin{bmatrix}4\\7\end{bmatrix},\begin{bmatrix}5\\7\end{bmatrix},\begin{bmatrix}6\\7\end{bmatrix},\begin{bmatrix}7\\7\end{bmatrix},\begin{bmatrix}8\\7\end{bmatrix},\begin{bmatrix}9\\7\end{bmatrix}\right)\rightarrow$$

$$\rightarrow\begin{pmatrix}1\times7+(2-1)+1\\2\otimes7+(3-1)\\3\otimes7+(4-1)\\4\otimes7+(5-1)\\5\otimes7+(6-1)-1\\6\otimes7+(7-1)-1\\7\otimes7+(7-1)\\8\otimes7+(7-1)\\9\otimes7\end{pmatrix}\rightarrow\begin{pmatrix}7+2\\-6+2\\1+3\\-2+4\\-5+4\\2+5\\-1+6\\-4+6\\3\end{pmatrix}\rightarrow\begin{pmatrix}9\\-4\\4\\2\\-1\\7\\5\\2\\3\end{pmatrix}$$

$$\rightarrow(8,6,4,1,9,7,5,2,3)\rightarrow864197523$$

可见，123456789×7=864197523。

在计算 239×324 时，首先利用乘法速算基本公式，然后将交叉乘积中所有的数字乘积都转化成梅花积。在默认的降一进位的基础上，出现了 $3\otimes3$ 、$3\otimes4$ 等三七同临情况，此时高一位要再减去 1；对于出现的 $3\otimes9$ 、$2\otimes9$ 等“隔三岔五”情况，高一位上要反加上 1；头头乘积与尾尾乘积可以直接相乘。完整的心算过程如下：

$$\left[\!\!\left[\begin{matrix}239\\324\end{matrix}\right]\!\!\right]\to\left(\left[\!\!\left[\begin{matrix}2\\3\end{matrix}\right]\!\!\right],\left[\!\!\left[\begin{matrix}2&3\\3&2\end{matrix}\right]\!\!\right],\left[\!\!\left[\begin{matrix}2&3&9\\3&2&4\end{matrix}\right]\!\!\right],\left[\!\!\left[\begin{matrix}3&9\\2&4\end{matrix}\right]\!\!\right],\left[\!\!\left[\begin{matrix}9\\4\end{matrix}\right]\!\!\right]\right)\to$$

$$\to\begin{pmatrix}2\times3+(2+3-2-1)\\2\otimes2+3\otimes3+(2+2+3-3+1)\\2\otimes4+3\otimes2+9\otimes3+(3+2-2-1+1)\\3\otimes4+9\otimes2\\9\times4\end{pmatrix}\to\begin{pmatrix}6+2\\-6-1+5\\-2-4-3+3\\2-2\\36\end{pmatrix}\to\begin{pmatrix}8\\-2\\-6\\0\\36\end{pmatrix}$$

$$\to(7,7,4,3,6)\to77436$$

可见，$239\times324=77436$。

本节内容可总结为口算多位数乘积的梅花积方法：

梅花积是个位数，正的只有三二一
大小远近要分辨，默认进位小降一
三七同临再降一，隔三岔五反加一

要熟练地掌握梅花积方法，必须进行一定量的训练。注意，在做下列练习题时只能进行口算，不可以使用任何计算工具，而仅用笔记录答案。

练习题

口算下列乘积：

（1）47×63；

（2）94×46；

（3）7654321×9；

（4）578×47；

（5）834×884；

（6）678×223；

（7）1279×893；

（8）4638×7259；

（9）4444×6666；

（10）13579×246；

（11）67654×999；

（12）54321×98765。

练习题答案：（1）2961；（2）4324；（3）68888889；（4）27166；（5）737256；（6）151194；（7）1142147；（8）33667242；（9）29623704；（10）3340434；（11）67586346；（12）5365013565。你算对了吗？算错的有几位数字？仔细检查错误之处并改正，或重新计算。

第6节　除法的梅花积方法

由于除法是乘法的逆运算，因此由乘法的梅花积方法，可以得到除法的梅花积方法。这是一种全新的除法速算方法，可以用于口算任意多位数的除法，无论是整除还是带有余数的情形。

我们从简单的例子开始讨论。被除数23除以除数7，商是3，余数是2。这等价于被乘数7乘以乘数3，再加上余数2，恰好等于被除数23，即23=7×3+2。可见，除数与商分别相当于被乘数与乘数，用二者的乘积去减被除数得到余数。特别地，若余数是0，则除数与商的乘积就等于被除数。

为了比较12345与124，我们截取12345的前三位123，它小于124，此时我们说多位数12345的高位小于多位数124。由乘法速算基本公式可知，乘积的位数可能恰好等于被乘数与乘数的位数之和，也可能等于该和减去1。在前一种情况下，乘积的高位一定小于被乘数与乘数；而在后一种情况下，乘积的高位一定大于或等于被乘数与乘数。例如，25×99=2475，乘积的位数恰好等于2+2=4，此时乘积的高位24小于25和99；而12×101=1212，乘积的位数等于2+3−1=4，此时乘积的高位12等于被乘数12，且乘积的高位121大于乘数101。根据乘除法之间的转换关系，可以得到商的位数规律：

当被除数的高位小于除数时，商的位数等于被除数与除数的位数之差

当被除数的高位大于或等于除数时，商的位数等于上述的差加上 1

在乘法当中，被乘数的十位乘以乘数的十位，被乘数的百位乘以乘数的个位，被乘数的个位乘以乘数的百位，这些数对的乘积都叫作同等数位的乘积，它们实际上位于同一个交叉乘积之中。回想乘法的梅花积，乘积的每个数位都等于同等数位的梅花积加上下一数位产生的进位。在做除法时，我们采用梅花积方法将除数与商相乘。不过，由于商是从高位开始逐位得到的，这种乘积不完整，只有获得完整的商之后，才可能得到完整的乘积。被乘数减去除数与商的乘积，得到的就是余数。这就是除法的梅花积方法。

在用梅花积方法做除法时，梅花积与差都不是一次得到的，而是通过逐位推进获得的。具体过程是从高位开始，每产生一位商，就计算该位上的商与除数的最高位的普通乘积，再加上同等数位的其他数对的梅花积以及下一数位产生的进位。这样计算出来的至多是两位数，叫作局部梅花积。一开始就确定好商的位数。当算足商的位数后，可进一步计算尚未计算的梅花积，并继续做减法，最后得到的差就是余数。当我们需要计算到小数点后面的第几位时，相当于在被除数的后面补充几个 0，然后继续完成上述计算即可。下面我们看两道例题。

例题 1：用除法的梅花积方法，可得 $359784 \div 789 = 456$，具体的计算过程类似于普通除法的竖式。

$$
\begin{array}{cccc|cccccc}
 & & & & & 4 & 5 & 6 & & \\ \hline
7 & 8 & 9 & \big) & 3 & 5 & 9 & 7 & 8 & 4 \\
 & & & - & 3 & 1 & & & & \\ \cline{4-6}
 & & & & & 4 & 9 & & & \\
 & & & & - & 4 & 5 & & & \\ \cline{5-7}
 & & & & & & 4 & 7 & & \\
 & & & & & - & 4 & 8 & & \\ \cline{6-8}
 & & & & & & & \overline{1} & 8 & 4 \\
 & & & & & & & - & \overline{1} & \overline{6} \\ \cline{8-10}
 & & & & & & & 0 & 0 & 0
\end{array}
$$

这与普通除法大致有两点不同。一是商的个位数相对于被除数的个位数前移了若干位，所移的位数比除数的位数少 1。由于被除数的高位小于除数，根据商的位数规律，商的首位与被除数的次高位对齐。二是商与除数的乘法采用部分梅花积，所得结果至多是两位数，因此作差很容易。商从高位开始逐位得出。第一步，比较被乘数的最高两位 35 与除数的最高位 7，商为 4，第一个部分梅花积是 $4\times7+J(4\otimes8)=28+3=31$。这里的 $J(4\otimes8)$ 表示低一位的梅花积 $4\otimes8$ 所对应的进位，根据小小进位法，该进位等于 $4-1=3$。作差可得 $35-31=4$。第二步，被除数往右移动一位是 9，前一步的差与 9 拼在一起是 49。比较 49 与除数的最高位 7，试商 6 和 7，发现所得部分梅花积太大，最后确定商为 5。现在得到了商的两位 45。第二个部分梅花积是 $5\times7+4\otimes8+J(4\otimes9+5\otimes8)=35+2+4+4=45$，作差可得 $49-45=4$。第三步，再向右推进一位，比较 47 与除数的最高位，商为 6，此时得到了完整的商 456。第三个部分梅花积是 $6\times7+5\otimes8+4\otimes9+J(5\otimes9+6\otimes8)=42+0-4+5+5=48$，可得 $47-48=-1=\bar{1}$。这里的差是一个负数并不代表最后的商 6 大了，因为要计算最终的余数，必须减去除数与商的乘积的所有梅花积。目前还没有计算的梅花积还有两位（个位和十位），十位上的梅花积是 $6\otimes8+5\otimes9+J(6\otimes9)=-2-5+6=-1=\bar{1}$，个位上的梅花积是 $6\otimes9=\bar{6}$，作差可得 $\bar{1}84-\bar{2}4=\bar{1}\,\bar{6}$ $\bar{1}\,\bar{6}-\bar{1}\,\bar{6}=0$，这就是最后的余数。余数是 0，说明没有余数，也就是说刚好可以除尽。

部分梅花积的计算可以参考下页中的图。为什么在计算商的每一位时用到的部分梅花积中的第一项乘积都是普通乘积呢？它实际上是这一项的梅花积与高一位的梅花积中所缺少的进位合起来的结果。例如，本例第三个部分梅花积中的第一项为 $6\times7=(J(6\otimes7),6\otimes7)$，其中进位 $J(6\otimes7)$ 正是在第二步计算梅花积时所缺少的进位，因为那时还没有求得商 6，因而无法计算该进位，参看下页中的图（b）。可见，在计算除法时，这一项的普通乘积也可以分解成进位和梅花积两步来计算。

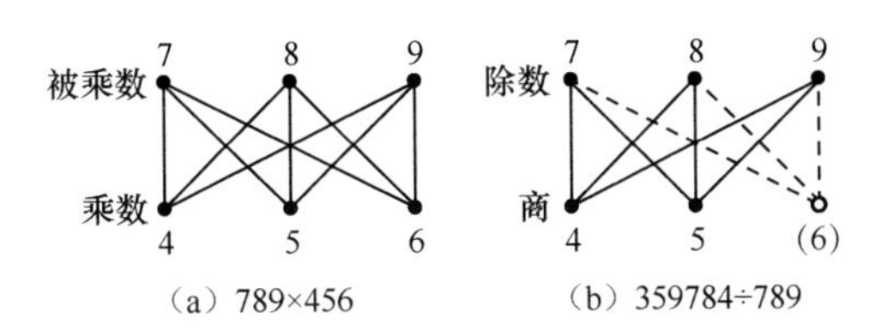

（a）789×456　　（b）359784÷789

例题 2：口算 $73052 \div 238$。由于被除数的高位大于除数，除数是三位数，根据商的位数规律，商的首位与被除数的最高位对齐，商的个位相对于被除数的个位左移两位，移动的位数等于除数的位数减去 1。从高位开始逐位求商。算到第二步时，商为 0，而部分梅花积等于 $0\times 2+3\otimes 3+J(3\otimes 8+0\otimes 3)=0-1+3+0=2$。完整的竖式如下：

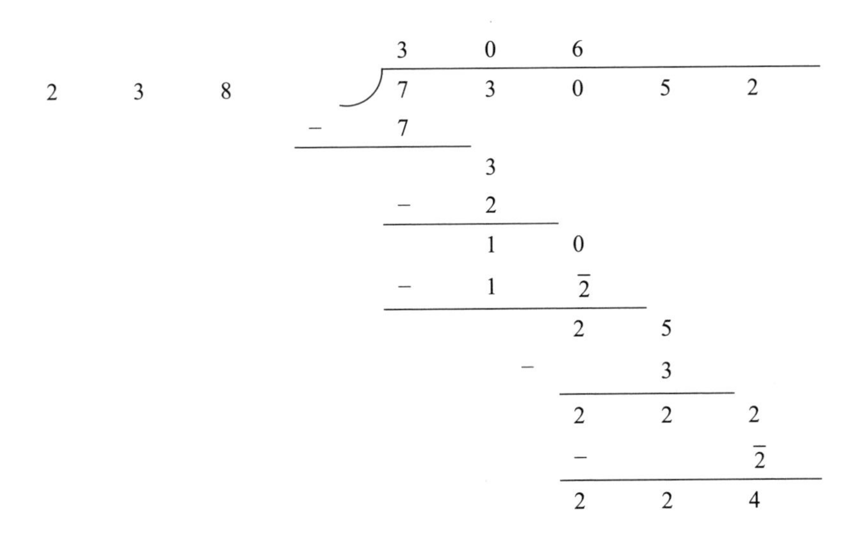

可见，$73052\div 238=306\cdots\cdots 224$。该例属于不能整除的情形，余数是 224。如果我们希望计算到小数点后第二位，那么可以在被除数后面补充两个 0，然后用同样的方法多计算两位商即可。

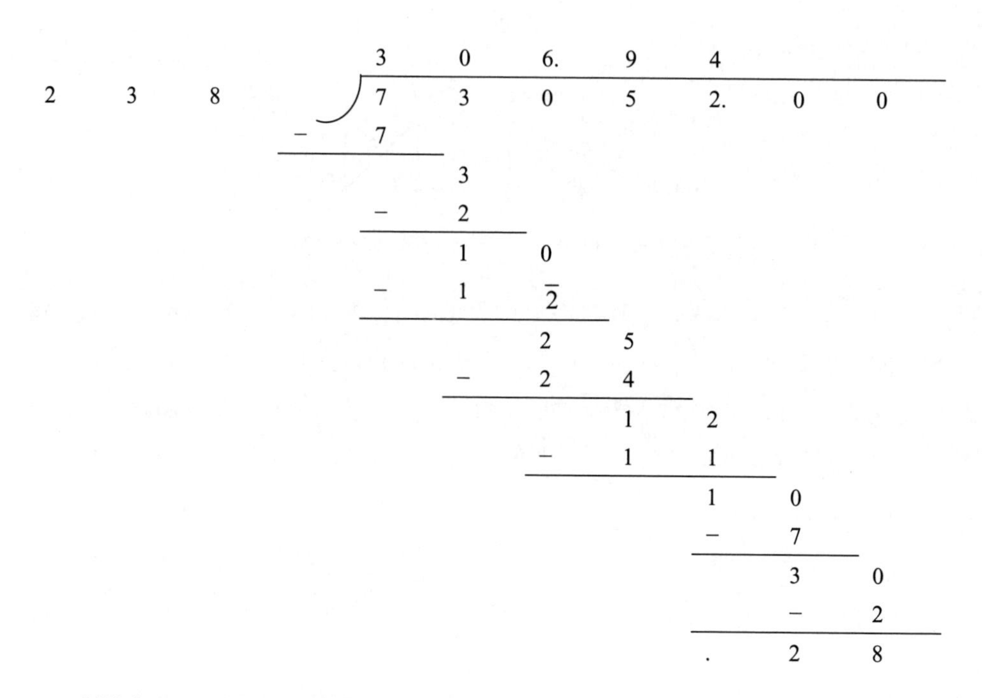

所补充的 0 对应于小数部分，因此最后余数等于 0.28。可见，$73052 \div 238 = 306.94 \cdots\cdots 0.28$。为了理解上述计算中的小数点问题，我们可以在该等式两边同时乘以 100，得到 $7305200 \div 238 = 30694 \cdots\cdots 28$。

通过上述一些例题，我相信大家已经理解了除法的梅花积方法的算理，不过还有一个重要的问题，就是如何确定商的每一位，而这正是除法的难点所在。商为什么叫商？就是商量着来，试着来，通常也叫试商。不过，为了较快地确定商，我们只需将上述计算方法略加改造即可。

我们可以将每一位的部分梅花积分成两部分。第一部分叫缺商部分梅花积，它缺少了确定的商所参与的项，恰好等于假设此位置的商为 0 时所计算的部分梅花积。第二部分叫作含商部分梅花积，是确定该位的商之后完整的部分梅花积中与该位的商所对应的两项，其中一项是该位的商与除数的首位（最高位）的普通乘积，第二项是该项的后进位，即该位的商与除数的次高位（第二位）的梅花积所对应的进位。部分梅花积分解成了两部分，相应的差也分两次完成，第一次减去缺商部分，第二次减去含商部分。何时确定商？就在这两次求差之间！当算到该位置时，首先求缺商部分梅花积并第一次作差。第一次作差后，便容易确定商，而确定了商，就可以计算含商部分梅花积，就可以第二次作差。两次作差的结果合起来，就是减去了完整的部分梅花积，因此就完成了该位置的计算，然后进行下一个位置的计算。

比如，在上述例子中商为 9 的那一步，完整的部分梅花积是

$$2\times 9+3\otimes 6+8\otimes 0+J(8\otimes 6)+J(3\otimes 9)\text{。}$$

其中缺商部分梅花积是

$$3\otimes 6+8\otimes 0+J(8\otimes 6)=-2+0+5=3\text{，}$$

而含商部分梅花积是

$$2\times 9+J(3\otimes 9)=18+3=21\text{。}$$

当除法刚进行到该位时，还不知道商为 9，于是先计算缺商部分梅花积，得到 3，第一次作差后得到 $25-3=22$。根据这个差 22 与除数的前两位 23，容易确定商为 9，因为依照 9 计算含商部分梅花积时得到 21，第二次作差得到 $22-21=1$。该位计算完毕，可以转入下一位的计算。两次作差所得结果与原先一次作差所得结果是一样的，都是 1，而 1 为正数且小于除数的首位 2，所以它大致合适。至于它是否一定合适，要看后续的计算有无障碍。一般来说，当商的位数还不足够的时候，大概差为正数合适；从商的最后一位开始往后，大概差为负数合适。通过一些计算实例，我们发现用梅花积做除法运算时比较容易确定商的每一位。注意，除了商的第一位以外，每次求商的新一位的时候，都要将部分梅花积分成两部分进行计算，也就是要两次作差。

本节要点可总结为口算多位数除法的梅花积方法，它类似于普通的除法竖式，不过要注意以下要点：

（1）商的小数点相对于被除数的小数点左移的位数等于除数的位数减去 1，也等于商的末位相对于被除数的末位左移的位数；

（2）依据被除数的高位与除数的大小关系，商的最高位与被除数的最高位或者次高位对齐；

（3）商与除数的乘积采用部分梅花积，其中商的最新位与除数的最高位采用普通乘积；

（4）在试商时，除了最高位，可将部分梅花积分成缺商与含商两部分进行计算；

（5）要多计算几位商，就在被除数的后面补几个0；

（6）余数的小数点与被除数的小数点上下对齐。

要熟练地掌握除法的梅花积方法，必须进行一定量的训练。注意，在做下列练习题时，一开始不要追求速度，而应该着重计算的准确性。随着熟练程度的提高，计算速度自然会不断提高。

练习题

一、口算下列除法：

（1）2604÷28；

（2）65205÷315；

（3）57998÷1234；

（4）2092428÷526；

（5）373455÷579；

（6）827115÷12345；

（7）2588÷92；

（8）75885÷138；

（9）645699÷987；

（10）16901204÷37；

（11）8254÷234（取小数点后一位）；

（12）389585÷6789（取小数点后两位）。

二、口算本章开头提及的中日速算比赛中的三道除法题中的第一题，即7311420695501034÷930651274。

练习题答案：一、（1）93；（2）207；（3）47；（4）3978；（5）645；（6）67；

（7）28……12；（8）549……123；（9）654……201；（10）456789……11；（11）35.2……17.2；（12）57.38……32.18。二、7856241。你算对了吗？若不对，请重新计算。

第 7 节　多位数乘除法速算综合演练

本章前几节系统地介绍了多位数乘除法的一些速算方法。在本节中，我们进行一些归纳总结，并做适当的综合训练。

乘法速算基本公式是本章所介绍的各种速算方法的基础。

第一种乘法速算方法是史丰收速算法，它在乘法速算基本公式的基础上采用位积的概念，位积等于本个加上后进后再取个位数，后进根据每个乘数的不同各有进位口诀。熟记这些进位口诀是掌握史丰收速算法的前提。乘法速算基本公式可以结合退位积与补积使用，这样的结合可以分别使用和不使用虚拟进位法，由此得到另外两套乘积速算方法。在乘法速算基本公式的基础上，配套使用剪刀积与小小进位法，得到第四套系统的、神奇的速算方法——剪刀积方法。将剪刀积与退位积结合起来，得到第五种更为神奇的速算方法——梅花积方法。梅花积将所有的数字乘积都转化成可能带有负号的一位数，而且其值不超过 3。配套的进位方法是小小进位微调法：默认小者降一进位，然后根据数字之间的远近情况适当微调进位。

下面通过例题来综合练习上述 5 种不同的乘法速算方法。

例题：口算乘积 4567×6789 。下面分别用 5 种方法进行计算，所得答案都是 $4567\times6789=31005363$。

解法一：史丰收速算法。在被乘数的前面补充一个 0，得到 04567，再利用乘法速算基本公式，只不过要注意将每一对数字的乘积都转换成位积，位积等于本个加后进。这里的加法采用模十加法，用中括号表示。后进要分别根据乘数 6、7、8、9 运用史丰收的进位口诀。位积与位积之间的加法是普通加法，因此该进位时就进位。完整的心算过程如下：

$$
\left\|\begin{matrix}04567\\6789\end{matrix}\right\| \to
\begin{pmatrix}
\left\|\begin{matrix}0\\6\end{matrix}\right\| \\
\left\|\begin{matrix}0&4\\6&7\end{matrix}\right\| \\
\left\|\begin{matrix}0&4&5\\6&7&8\end{matrix}\right\| \\
\left\|\begin{matrix}0&4&5&6\\6&7&8&9\end{matrix}\right\| \\
\left\|\begin{matrix}4&5&6&7\\6&7&8&9\end{matrix}\right\| \\
\left\|\begin{matrix}5&6&7\\7&8&9\end{matrix}\right\| \\
\left\|\begin{matrix}6&7\\8&9\end{matrix}\right\| \\
\left\|\begin{matrix}7\\9\end{matrix}\right\|
\end{pmatrix}
\to
\begin{pmatrix}
[0\times6+2] \\
[0\times7+3]+[4\times6+3] \\
[0\times8+3]+[4\times7+3]+[5\times6+4] \\
[0\times9+4]+[4\times8+4]+[5\times7+4]+[6\times6+4] \\
[4\times9+5]+[5\times8+5]+[6\times7+4]+[7\times6+0] \\
[5\times9+6]+[6\times8+5]+[7\times7+0] \\
[6\times9+6]+[7\times8+0] \\
[7\times9+0]
\end{pmatrix}
$$

$$
\to
\begin{pmatrix}
2 \\ 3+7 \\ 3+1+4 \\ 4+6+9+0 \\ 1+5+6+2 \\ 1+3+9 \\ 0+6 \\ 3
\end{pmatrix}
\to
\begin{pmatrix}
2 \\ 10 \\ 8 \\ 19 \\ 14 \\ 13 \\ 6 \\ 3
\end{pmatrix}
$$

$$
\to (3, 1, 0, 0, 5, 3, 6, 3) \to 31005363
$$

解法二：退补积法。通过小数字进位，将大小型乘积变成退位积，再通过模十进位，将大大型乘积变成补积。心算过程的前半部分与上述相似，利用速算基本公式，不过被乘数不需要补充 0，后半部分如下：

$$\rightarrow\begin{pmatrix} 4\times6+(4+5) \\ 4\times(-3)+5\times(-4)+(4+5+2) \\ 4\times(-2)+5\times(-3)+4\times4+(4+5+3+3) \\ 4\times(-1)+5\times(-2)+4\times3+3\times4+(5+4+4) \\ 5\times(-1)+4\times2+3\times3+(5+5) \\ 4\times1+3\times2+6 \\ 3\times1 \end{pmatrix}$$

$$\rightarrow(33,-21,8,23,22,16,3)\rightarrow(31,0,0,5,3,6,3)\rightarrow31005363$$

解法三：虚拟进位法。4567 与 6789 经过虚拟进位后分别变成 $4_15_16_17$ 与 $6_17_18_19$，即变成 5677 与 7899。注意这里的大头 7，它会导致进位。除了头头乘积直接相乘以外，其余的数字乘积全部转化成退位积与补积。心算过程的前半部分仿照解法二，其余部分如下：

$$\rightarrow\begin{pmatrix} 5\times7+(-4) \\ 5\times(-2)+4\times3+(-3) \\ 5\times(-1)+4\times2+3\times3+(-3) \\ 5\times(-1)+4\times1+3\times2+3\times3 \\ 4\times1+3\times1+3\times2 \\ 3\times1+3\times1 \\ 3\times1 \end{pmatrix}$$

$$\rightarrow(31,-1,9,14,13,6,3)\rightarrow(31,0,0,5,3,6,3)\rightarrow31005363$$

解法四：剪刀积方法。将数对中的较小者进位，同时每一数对默认降低一进位，当有三七同临时还要再降低一。通过降一进位与降二进位，除了头头乘积直接相乘以外，所有的数字乘积都转化成剪刀积，而后者由口诀直接得出。心算过程的前半部分仿照解法二，其余部分如下：

$$\rightarrow\left(\begin{array}{c}4\times6+(4+5-2-1)\\4\wedge7+5\triangle6+(4+5+6-3-1)\\4\wedge8+5\wedge7+6\triangle6+(4+5+6+6-4-2)\\4\wedge9+5\wedge8+6\triangle7+7\triangle6+(5+6+7-3-1)\\5\wedge9+6\wedge8+7\triangle7+(6+7-2)\\7\wedge8+6\wedge9+(7-1)\\7\wedge9\end{array}\right)$$

$$\rightarrow\left(\begin{array}{c}24+6\\-2+0+11\\2-5-4+15\\6+0+2+2+14\\5-2-1+11\\-4+4+6\\3\end{array}\right)$$

$$\rightarrow(30,9,8,24,13,6,3)\rightarrow(31,0,0,5,3,6,3)\rightarrow31005363$$

解法五：梅花积方法。默认将数对中的较小者减去一后进位，当有三七同临时还要再降低一，当出现“隔三岔五”的情况时反而要加上一。除了头头乘积直接相乘以外，所有的数字乘积都转化成梅花积加上进位。心算过程的前半部分同解法二，其余部分如下：

$$\rightarrow\left(\begin{array}{c}4\times6+(4+5-2)-1\\4\otimes7+5\otimes6+(4+5+6-3)-1\\4\otimes8+5\otimes7+6\otimes6+(4+5+6+6-4)+1-1-1\\4\otimes9+5\otimes8+6\otimes7+7\otimes6+(5+6+7-3)+1-1\\5\otimes9+6\otimes8+7\otimes7+(6+7-2)+1\\7\otimes8+6\otimes9+(7-1)\\7\otimes9\end{array}\right)$$

$$
\rightarrow\begin{pmatrix}24+6\\-2+0+11\\2-5-4+16\\-4+0+2+2+15\\-5-2-1+12\\-4-6+6\\3\end{pmatrix}\rightarrow\begin{pmatrix}30\\9\\9\\15\\4\\-4\\3\end{pmatrix}
$$

$$
\rightarrow(31,0,0,5,3,6,3)\rightarrow 31005363
$$

大家可以比较上述 5 种解答过程，自行寻找这 5 种速算方法的异同与各自的优缺点，至少熟练掌握其中一种方法。我们推荐第五种方法——梅花积方法，因为该方法的口诀特别简单，而且计算过程中的数据也容易相互抵消。

除法是乘法的逆运算，每种乘法速算方法都有对应的除法速算方法，不过其中最有效的应该是梅花积方法。了解了上一节中介绍的算理，我们可以将除法算式简化成下例的形式。

为了求 $8275.6\div3467$ 的商与余数并保留两位小数，我们采用除法的梅花积方法，在被除数的后面补充一个 0，使其共有两位小数。下表中的第一行是商，第二行分别是除数与被除数，第三行是每一步的中间差，计算过程中逐步消掉的数字上面添加有删除线，没有加删除线的就是余数。注意，除数共有 4 位，因此商的末位相对于被除数的末位 0 前移 3 位，商的小数点也前移 3 位。余数的小数点与被除数的小数点对齐。部分梅花积（无论是缺商部分还是含商部分）以及差通过纯粹的心算获得，我们可以从左往右逐位写出商与差。

	2.	3	8			
3　4　6　7	8	2	7	5.	6	0
	~~1~~	~~3~~	2	4.	1	4

可见，$8275.6\div3467=2.38\cdots\cdots24.14$。

本节总结了多位数乘除法速算方法，除法主要采用梅花积方法，乘法有如下 5 种系统的方法。

编号	速算法名称	进位方法	乘积化简方法
方法一	史丰收速算法	史丰收的进位口诀	位积
方法二	退补积方法	小数字进位，模十进位	退位积、补积
方法三	虚拟进位法	大头尾前移	退位积、补积
方法四	剪刀积方法	小小进位法	剪刀积
方法五	梅花积方法	小小进微调位法	梅花积

要熟练地掌握上述各种方法，必须进行大量的实战演练。注意，在做下列练习题时只能进行口算，不可以使用任何计算工具，而仅用笔记录答案。

练习题

一、口算下列乘积：

（1）123456789×3；

（2）123456789×6；

（3）123456789×7；

（4）123456789×8；

（5）67×76；

（6）489×19；

（7）6588×23；

（8）357×439；

（9）3579×567；

（10）8765×7894；

（11）6789×6789；

（12）56789×56789；

（13）123456÷8；

（14）123456789÷9；

（15）487806÷778；

（16）854956÷4567。

二、用梅花积方法口算本章开头提到的三道多位数乘法题。

三、用梅花积方法口算本章开头提到的比赛中的另外两道多位数除法题：

（1）28100103404992641÷7865341209；

（2）133462049312593544÷52714960183。

练习题答案：一、（1）370370367；（2）740740734；（3）864197523；（4）987654312；（5）5092；（6）9291；（7）151524；（8）156723；（9）2029293；（10）69190910；（11）46090521；（12）3224990521；（13）15432；（14）13717421；（15）627；（16）187……927。二、（1）4232995433563104；（2）22852823900944284；（3）552047484037490244。三、（1）3572649；（2）2531768。

你算对了吗？若不对，请重新计算。

第6章 九宫速算法

河图洛书是中国文化发展的起源，是中国古代哲学的重要内容。《易·系辞上》云：“河出图，洛出书，圣人则之。”

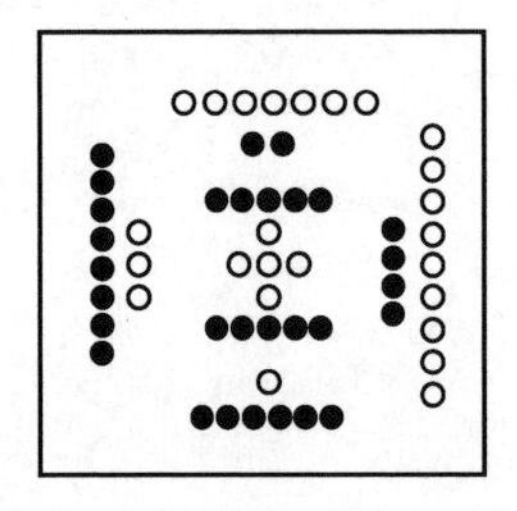

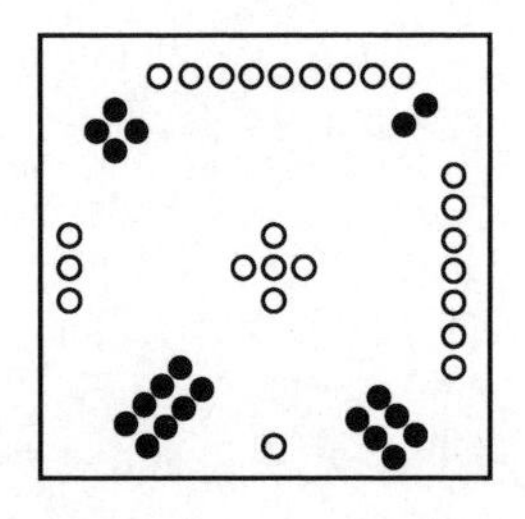

河图洛书的数字排列格外讲究，有其深刻的哲学思想，也呈现出无限美好的数学规律。可以深入挖掘这些中国传统文化中的数理，从而更好地为速算服务。

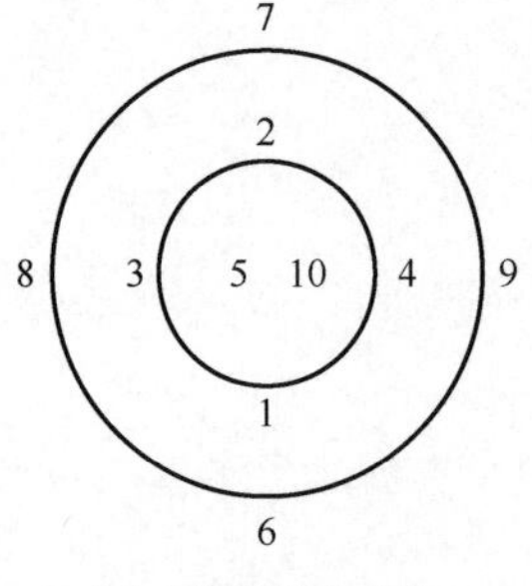

（a）河图的数字排列

4	9	2
3	5	7
8	1	6

（b）洛书的数字排列

研究表明，进一步揭示并熟练运用洛书中的数字规律，对于速算有着重要的意义。比如，任意对立点（关于图形中心对称的点）的和都是10，任何置换型三点（既不同行也不同列的三个点）的和都是15。既然如此，那么我们就可以知道：若两对置换型点有唯一的公共点9，那么它们的5个点之和一定等于21。例如，1、5、9与2、4、9都是置换型三点，因此，$1+5+9+2+4=21$。这就是速算!

所谓的九宫速算，本质上就是基于洛书的算术。但是，为了适应现代人的生活习惯，我们在九宫图中将数字按照自然数的大小顺序排列，也就是大部分计算机的数字键、电话机的号码键的排列方式。虽然这种排列方式与洛书中的数字排列方式有所区别，但是当用于算术的时候，很多重要的规律是一致的，比如奇偶交错、对立点互补、天数顺行与地数逆行、旋转不变性等。因此，九宫速算法在本质上是关于洛书的数学。

第1节　九宫图是天然的速算工具

我们指出，九宫图是天然的速算工具。本节介绍九宫图的基本概念、图与数字的对应关系等，这些是九宫速算法的基础。

所谓九宫图（九宫格）就是三行三列的表格，其中每个格子都是一个正方形，叫作一个宫，如下面的图（a）所示。图（b）称为本原九宫图，其中的9个宫依次代表数字1、2、3、4、5、6、7、8、9。请注意，这里的核心思想是用宫来代表数，并不一定要把数填写在宫中。但是，如果要进行九宫格心算，那么我们就必须牢记数字与位置的对应关系。

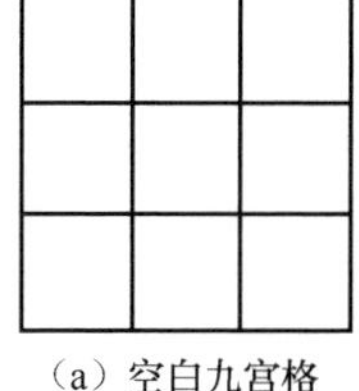

（a）空白九宫格

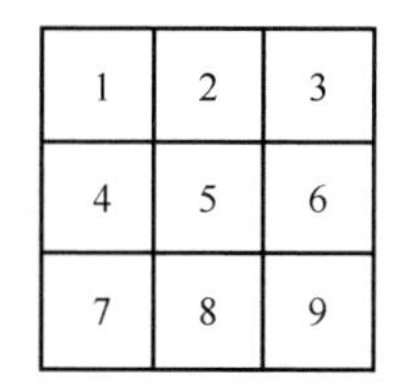

（b）本原九宫图

为简单起见，可以将每一个宫都凝缩成一个点。上面的两个图经过凝缩后分别变成了下面的两个图。这样凝缩后的九宫格事实上已经变成了田字格，但我们仍称其为九宫格（或九宫图）。

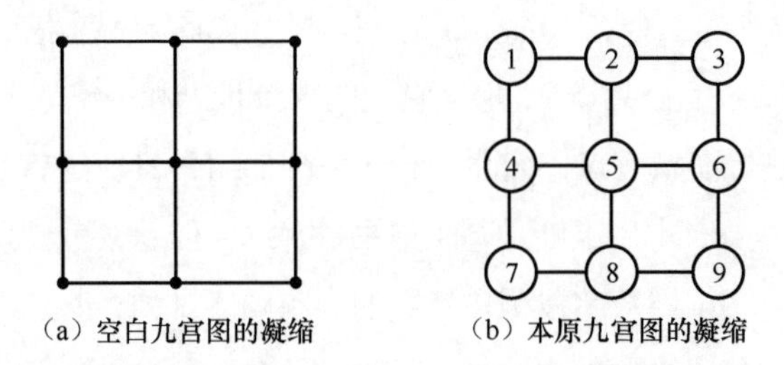

（a）空白九宫图的凝缩　　（b）本原九宫图的凝缩

如果我们要把数字 0 也标注在九宫图中，那么就需要对图形进行扩展。下面的图（a）为带零本原九宫图。

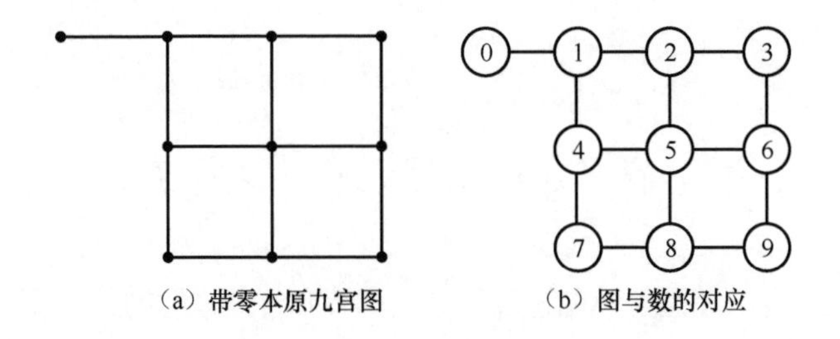

（a）带零本原九宫图　　（b）图与数的对应

扩展九宫图的意义在于：我们在运用九宫图进行计算的过程中可以临时超出九宫的范围。在平面内扩展图形的规则是：

右移一格增加 1，下移一格增加 3

设 k 为一个整数。如果将带零本原九宫图中的每个点所代表的数字加上 10 的 k 倍，那么所得到的九宫图被称为（带有基点 $10k$ 的）k 族九宫图，其中 k 称为族号。

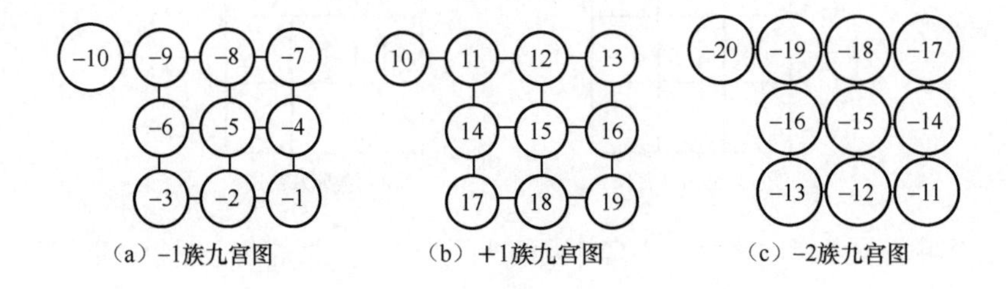

（a）−1族九宫图　　（b）+1族九宫图　　（c）−2族九宫图

以后，我们提到的 k 族九宫图可以带有基点，也可以不带基点。族号为正的族统称为正族，族号为负的族统称为负族，而 0 族九宫图就是本原九宫图。下面展示了 −1 族与本原两个九宫图的自然连接。

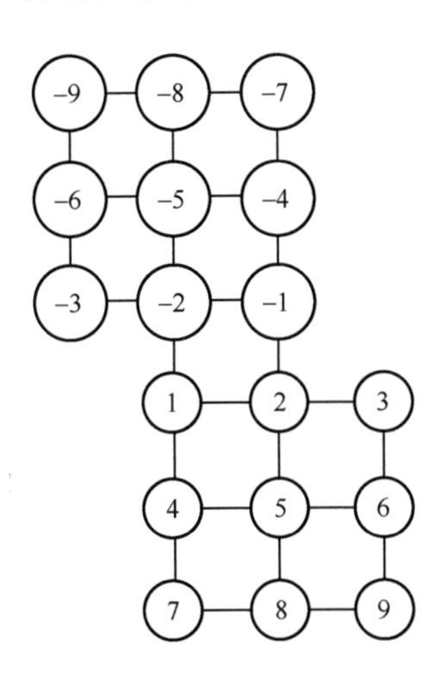

无论是哪一族九宫图，我们都按照带零本原九宫图中的数字来读其位置，因此我们可以说位置零、位置一、位置二……位置九。位置十在位置九往右一格，或者位置七往下一格。位置一、三、七、九叫作九宫图的角点，位置五叫作中心，而位置二、四、六、八叫作中点。

位置 n（或者说第 n 号点）在本原九宫图中代表数字 n，但是在 −1 族九宫图中代表数 $n-10$，即 $-(10-n)$，在 +2 族九宫图中代表数 $n+20$，在 −3 族九宫图中代表数 $n-30$。

速算离不开记忆。明朝万历年间来中国的传教士、意大利人利玛窦用中文撰写的《西国记法》是关于记忆方法的名著，其中所介绍的记忆方法现在通常叫作记忆宫殿。我们指出，九宫图本身就是一种天然的记忆宫殿。事实上，在九宫图中，我们可以将任意整数通过图形表示出来，十分便于多位数的记忆。下页中的两个图分别表示数 134459 与 −221054。

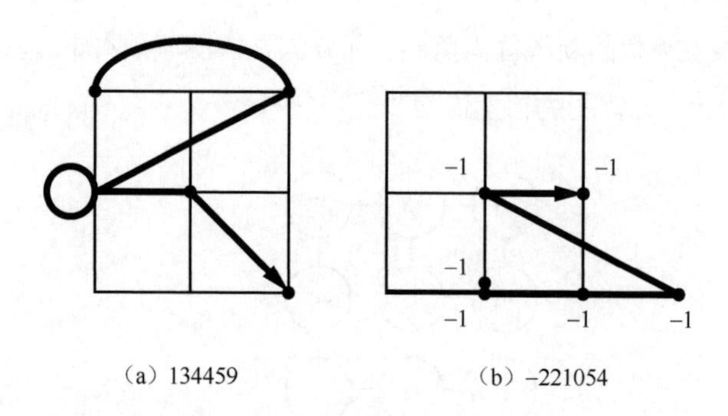

（a）134459　　（b）-221054

本节要点总结为九宫图的一些基本概念以及图与数的关系。

练习题

用九宫图表示如下多位数，看看能否迅速记住这些多位数。

（1）1379；

（2）1397；

（3）1793；

（4）2468；

（5）2846；

（6）86420；

（7）-13579；

（8）-24680；

（9）-12345；

（10）-56789；

（11）123456789；

（12）-123456789。

练习题答案：

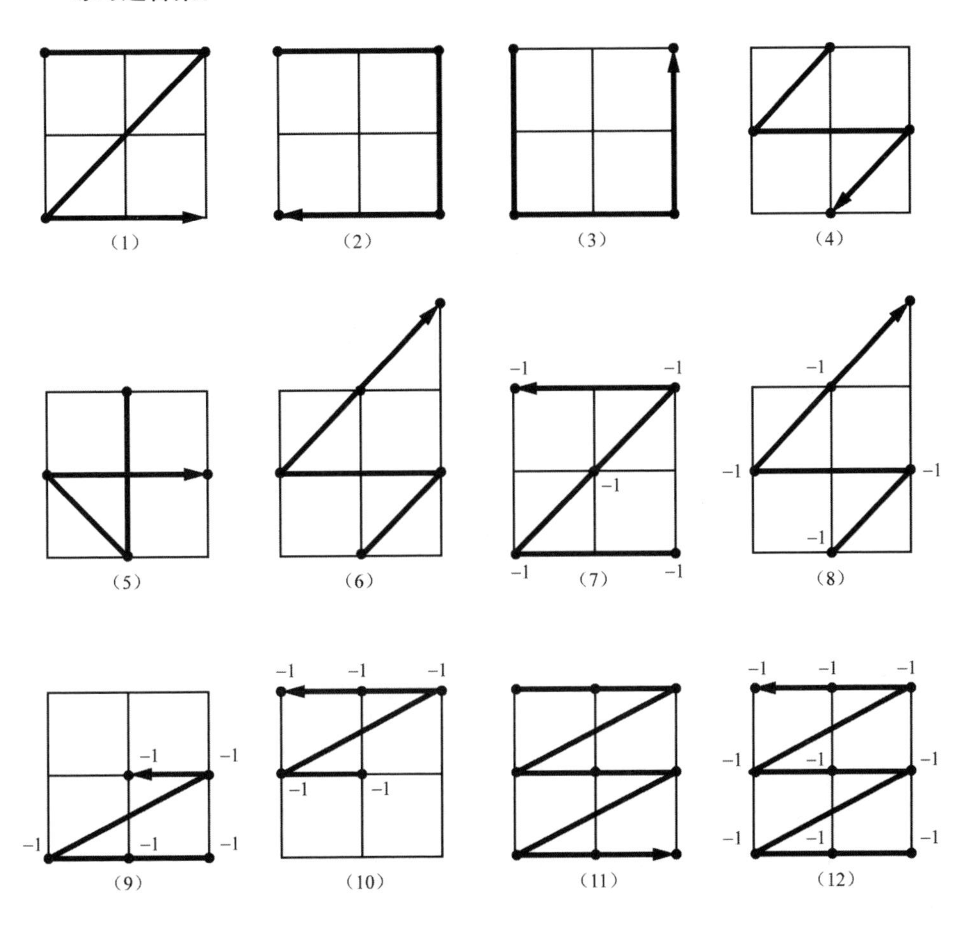

（1）　（2）　（3）　（4）

（5）　（6）　（7）　（8）

（9）　（10）　（11）　（12）

第 2 节　九宫图加减法与旋转不变性定理

九宫图中数字排列的基本规则是，右移一格增加 1，下移一格增加 3；反过来，左移一格减少 1，上移一格减少 3。据此，我们很容易得到加减法基本图示。比如，加上 2 相当于右移两格，或者往左下方斜移一格，如下图所示。下页中的图（a）还可以表示$1+2=3$，因为箭头的起点是 1，终点是 3；下页中的图（b）还可以表示

$2+2=4$，因为箭头的起点是 2，终点是 4。这里的箭头就代表了加 2 的基本图示，注意重要的是箭头的方向和长度，而其具体位置是可以平行移动的。类似地，加 3 的基本图示为向下一小竖，加 6 的基本图示就是向下两个格子的长竖，等等。我们不一一枚举，大家可以自行推理得知。这里的关键是要熟练地记住这些基本图示，以便速算。

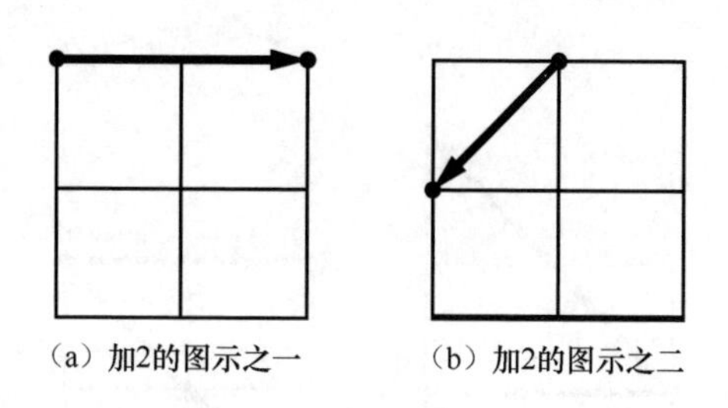
（a）加2的图示之一　　（b）加2的图示之二

基本图示放在一起时呈现出很好的对称性，参看下图。

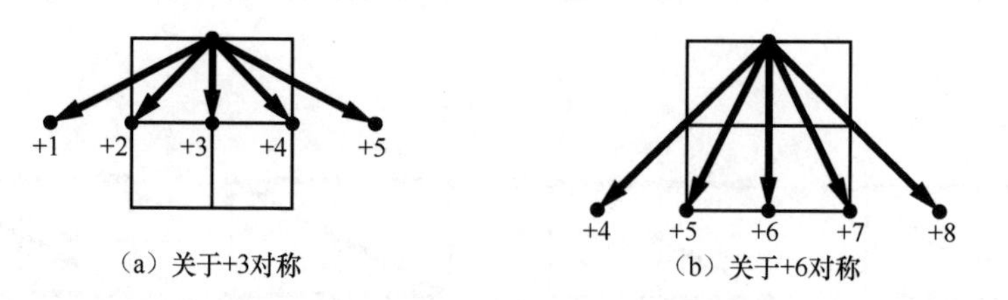

（a）关于+3对称　　（b）关于+6对称

减法的基本图示是将加法基本图示中的箭头反向。比如，既然向下一小格的箭头代表加 3，那么向上一小格的箭头就代表减去 3。此外，加 2 与减去 8 的图示一样，加 3 与减去 7 的图示一样，等等。一般地，加上一个数与减去其补数的图示一样。

掌握了加减法的基本图示，就可以在九宫图中做加减法运算了。

例如，为了计算 $1-2-9-8-7-6+8-3+5-6$，我们可以参看下面的图。

从本原九宫图的位置零开始，加上 1 就是后移一格，因此到达左上角点。因为此时仍然在 0 族，所以在点 1 旁标注 0。减去 2 就是后退一小撇，因此到达 -1 族的第 9 号点（即右下角点），我们在该点旁标注族号 -1，见图（a）。减去 9 后到达第 0 号位置，该位置的标注仍然为 -1，因为族号没变。减去 8 相当于减去 10 再加上 2，所以点前进两个格子而到达上中点，但是族号要减去 1。将所得族号 -2 作为上中点的标注。减去 7 相当于减去 10 再加上 3，因此点下行一个格子而到达九宫图的中心，族号必须再减去 1。将所得族号−3 作为中心的标注，见图（b）。减去 6 相当于减去 10 再加上 4，因此点下行一小捺抵达右下角点，同时族号减去 1 而变成−4。在该点旁标注族号−4。加上 8 就是加上 10 再减去 2，因此点后退两格而到达左下角点，同时族号增加 1 而变成−3。在左下角点旁标注族号−3。减去 3 相当于上行一小格而到达左中点，族号不变，将族号−3 作为左中点的标注，见图（c）。加上 5 相当于画 S 形，因此到达右下角点，族号不变，将族号−3 作为右下角点的标注。减去 6 相当于上行两个小格，从而到达右上角点，族号不变，将族号−3 作为右上角点的标注，见图（d）。最后到达−3 族的第 3 号点，其读数为(−3, 3)=−30+3=−27。因此，

$$1-2-9-8-7-6+8-3+5-6=-27\text{。}$$

以上全部计算过程在内心完成即可，并不需要真的画图。

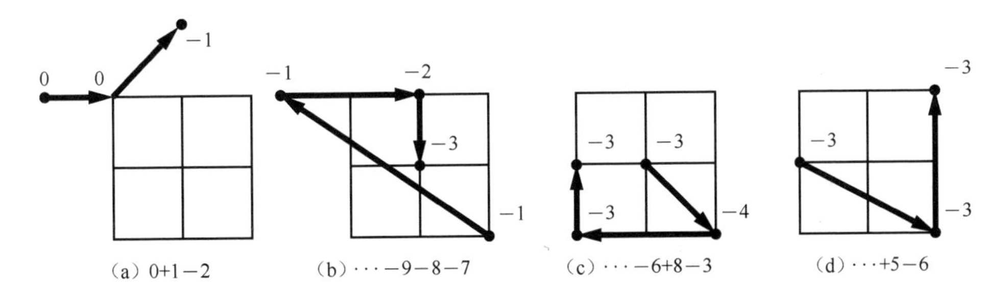

（a）0+1−2　（b）···−9−8−7　（c）···−6+8−3　（d）···+5−6

九宫图在算术运算中有着无尽的奥妙，其中最重要的规律之一就是所谓的旋转不变性。什么叫旋转不变性呢？粗略地讲，旋转不变性就是指运算的点阵图旋转 90° 所得到的仍然是点阵图。如果旋转 90° 所得到的仍然是点阵图，那么无论旋转多少个 90°，所得到的总是点阵图。因为按照某个方向连续旋转三个 90° 相当于反方向旋转一个 90°，所以这里所说的旋转没有必要区分顺时针与逆时针两个不同的方向。零点如何旋转？我们可以对九宫格进行四点扩展，包括添加两个零点和两个 10 点，图形以 5 为中心在平面内旋转，点 0、0、10、10 依次循环变化，参看下页中的图。

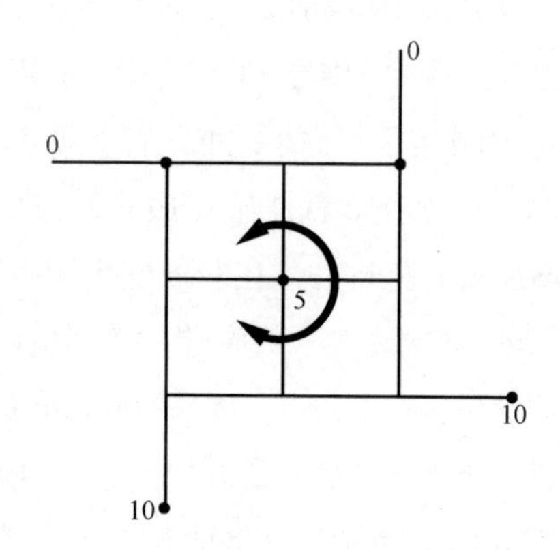

我们说九宫图对于加法具有旋转不变性是指下列性质成立：如果 b 是一位数 a_1、a_2、…、a_n 之和的个位数，在九宫图中将点 a_1、a_2、…、a_n、b 同时旋转若干个 90° 后所得到的点分别记为 a_1'、a_2'、…、a_n'、b'，那么 b' 恰好是 a_1'、a_2'、…、a_n' 之和的个位数。类似地，可以定义减法的旋转不变性。例如，$1+2=3$ 对应的点阵图是九宫图上边的三个点 1、2、3，沿顺时针方向旋转 90° 后所得到的是右边上的三个点 3、6、9，而 $3+6=9$ 依然成立；同理，再旋转 90°，得到下边上的三个点 9、8、7，而 $9+8=17$ 成立，注意这里的个位数是 7；再旋转 90°，得到左边上的三个点 7、4、1，而 $7+4=11$ 成立，注意这里的个位数是 1。

设 k 是一个给定的整数。我们说九宫图对于倍数 k 具有旋转不变性，是指下列性质成立：如果 b 是一位数 a 的 k 倍的个位数，在九宫图中将点 a、b 同时旋转若干个 90° 后所得到的点分别记为 a'、b'，那么 b' 恰好是 a' 的 k 倍的个位数。如果对于任意的整数 k，九宫图对于倍数 k 都具有旋转不变性，那么我们就称九宫图对于乘法具有旋转不变性。例如，倍数 3 的旋转不变性可以从下页的图中看出，其中图（a）表明带箭头的上边线经过旋转依次得到右边线、下边线和左边线，它们恰好表示 1、3、9、7 的 3 倍的个位数分别是 3、9、7、1；而图（b）表明相邻中点的连线经过旋转后所得到的依然是相邻中点的连线，它们恰好表示 2、6、8、4 的 3 倍的个位数分别是 6、8、4、2。

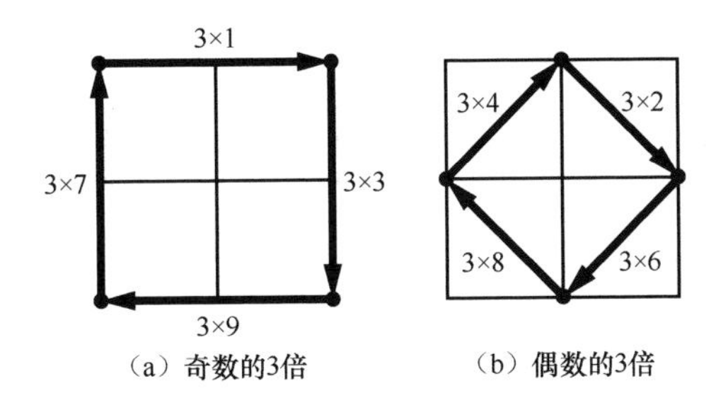

（a）奇数的3倍　　（b）偶数的3倍

首先，对于从0到9的任意一个数字与1所构成的加法，可以直接逐一验证加法具有旋转不变性。由此导出，对于任意给定的非零数字k，任意一个数字与k所构成的加法都具有旋转不变性，这是因为加上k等价于k次加上1。其次，减法是加法的逆运算，因此减法也具有旋转不变性。倍数是加法的特殊情况，因此任意的倍数具有旋转不变性，也就是说乘法具有旋转不变性。总之，我们证明了旋转不变性定理：

九宫图对于加法、减法和乘法都具有旋转不变性

九宫图的旋转不变性具有重要的意义，因为它能使得相应的算术运算变得十分简单。粗略地讲，只要会做有1、2参与的加、减、乘法运算，就可以迅速地做任何数字的加、减、乘法运算。例如，我们考虑$6+3$，这里的加数为右上角的点3。根据旋转不变性，计算$6+3$可以转化为计算$2+1$，而$2+1=3$就是上中点2加上1，即后移一格。将$2+1=3$正向旋转$90°$，便得到$6+3=9$。换句话说，面向右中点观察$6+3=9$就如同面向上中点观察$2+1=3$。因此，我们假想自己在中心点5处面向右中点站立，则角点3就好像是点1，而$6+3$就好像是点"2"加上"1"，即按照新的朝向往"右"移动一格即可。这个例子旨在说明：任意点加上一个角点都如同加上1，只不过此时必须采取新的朝向，该角点如同在新朝向的左上方（第1号位置）。类似地，任意点加上一个中点都如同加上"2"，只不过此时必须采取新的朝向，该中点如同在新朝向的正前方（第"2"号位置）。总之，我们得到如下口诀：

加上一个角点，如同面向该角点的方向加上 1
加上一个中点，如同面向该中点的方向加上 2

可以利用该口诀来求和。做加法时，若出现点后退的情况，则说明要进位，后退几次就进位几。如下图所示，求数字序列 53948 中的各个数字之和。

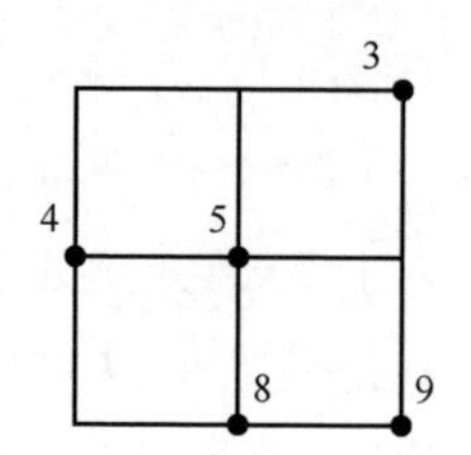

点 5 是九宫图的中心，加上 3，相当于面向右加上 1，结果到达下中点；加上 9，相当于面向下加上 1，结果到达左下角点，此时有进位；加上 4，相当于面向左加上 2，结果到达左上角点，此时有进位；加上 8，相当于面向下加上 2，结果到达右下角点。因此，和的个位数等于 9。因为点一共有两次后退，所以共有两个进位，故和等于 29，即 $5+3+9+4+8=29$。

本节要点总结为九宫图加减法基本图示、旋转不变性定理，二者都可以用于加减法速算。

练习题

分别利用九宫图中的加减法基本图示与旋转不变性定理两种方法口算下列加减法算式：

（1）1+2+4+4+3；

（2）1+2+3+4+5；

（3）1+5+6+7+8+9；

（4）2+5+4+6+7+3；

（5）3+7+3+9+5+1；

（6）8+4+6+8+2+4；

（7）5+6+9−8−3−6+7+8+5；

（8）5−4−6−7−5+8−9−1−5；

（9）7+5−8+3−5+9−4+8+4；

（10）−1−3−5−7−9−8+6+4+3+9；

（11）3+6+8+7−6+5−7+6−3−9+2−4−2+9−6；

（12）9+2+3+4−5+6+7+9+9−2−4−6−8+3−5−6−7+2−7+8。

练习题答案：（1）14；（2）15；（3）36；（4）27；（5）28；（6）32；（7）23；（8）−24；（9）19；（10）−11；（11）9；（12）12。你算对了吗？用时多少？

第 3 节　九宫图呈现完整的乘法表

不仅加减法在九宫图上有良好的表现，而且乘除法在九宫图上也有很好的体现。经过研究，我们惊讶地发现传统的九九乘法表可以在九宫图上完整地呈现出来，并且乘除法运算对应于九宫图的旋转。

从 1 倍和 2 倍的图形出发，根据乘法的旋转不变性定理，数字 1 到 9 的任意倍数的个位数在九宫图中按照一定的规律排列。当求奇数倍时，这个顺序就是原来的自然排列顺序旋转若干个 90° 后所得。而偶数倍都归入边线上的 4 个中点构成的方块形轨道中，是按照“上、左、右、下”的顺序依次排列的，其中 5 的偶数倍回到零点。那么乘积的十位数是多少呢？也就是说倍数如何进位呢？根据加法进位原理，退一步进位 1，退了几步就进位几。乘法是加法的特例，因此在按照刚才的顺序排列倍数的个位数时，观察点在本原九宫图中的大小变化，若变小，则意味着退步，有几次退步就进位几。每一个回退的点都叫作进位点。显然，全体进位点就是所有在本原九宫图中比乘数代表的点靠前的点。因此，进位点的总个数等于乘数减去 1。综上所述，我们得到如下重要的定理：

九宫图上呈现完整的乘法口诀表

下面详细说明如何从图上看每个乘数的乘法口诀。

当乘数为中点（2、4、6 或 8）时，面向该中点重新定位上下左右，按照上、左、右、下、零、上、左、右、下的顺序从 1 到 9 自然地数数，数到几就是几的倍数，其中所经过的退位点的个数就是乘积的十位数。当乘数为角点（1、3、7 或 9）时，改变朝向，让该角点位于自己的左前方，并从它开始在整个九宫图的 9 个点上从 1 到 9 自然地数数，数到几就是几的倍数，其中所经过的退位点的个数就是乘积的十位数。退位点就是比乘数小的点，其总个数等于乘数减去 1。按照这些规律，我们作出除了 5 以外的每个乘数的乘法口诀示意图，如下面的几个图所示。图中的空心点与实心点就是我们数数的点，应按照数字标记自然地数数；实心点是进位点。

例如，乘数 3 的乘法口诀全部可以在下面的图（a）中找到。在本原图中，3 所在的位置是右上角点，比它小的点是左上角点、上中点，这是两个进位点。我们面向九宫图的右中点，将本原位置三读作一并由此开始数数，一直数到 9，可以数遍 9 个点。当数到 2 的时候，到达图形的右中点，也就是本原位置六，这代表 2 的 3 倍的个位数为 6。从 1 数到 2 只经过了两个空心点，没有经过实心点，因此没有进位，故得 $2\times3=6$。当数到 4 的时候，到达图的上中点（即本原位置二），这代表 4 的 3 倍的个位数为 2。从 1 数到 4 只经过了一个实心点，因此进位是 1，故乘积的结果是 12，即 $4\times3=12$。当数到 8 的时候，到达图的左中点（即本原位置四），这代表 8 的 3 倍的个位数为 4。从 1 数到 8 一共要经过两个实心点，因此进位是 2，故 $8\times3=24$。

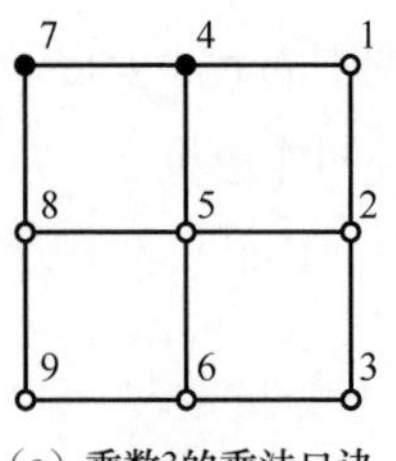

（a）乘数3的乘法口诀

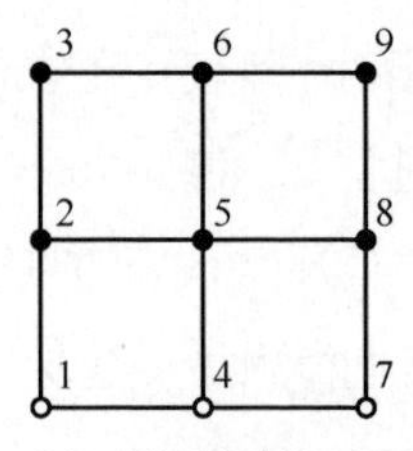

（b）乘数7的乘法口诀

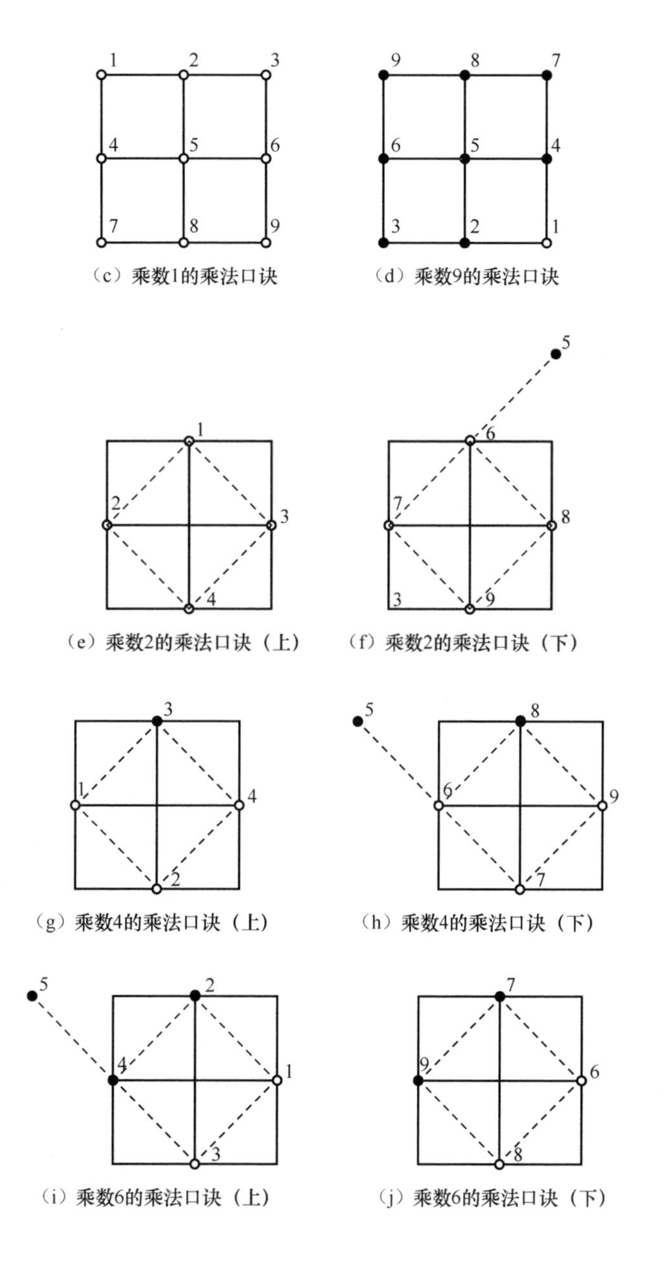

（c）乘数1的乘法口诀　（d）乘数9的乘法口诀

（e）乘数2的乘法口诀（上）　（f）乘数2的乘法口诀（下）

（g）乘数4的乘法口诀（上）　（h）乘数4的乘法口诀（下）

（i）乘数6的乘法口诀（上）　（j）乘数6的乘法口诀（下）

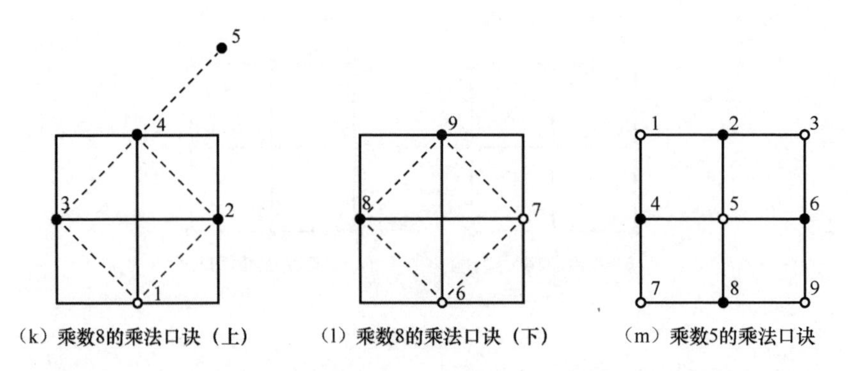

（k）乘数8的乘法口诀（上）　（l）乘数8的乘法口诀（下）　（m）乘数5的乘法口诀

偶数的乘法口诀示意图可以按相似的方式理解，所不同的是数数只在偶数点（4个中点、零点，再重复4个中点）上进行。前面图中的虚线方框要重复地数，故将图示分成上、下两部分（熟练之后，可以将二者合并），分别代表数数1、2、3、4与数数6、7、8、9。数5的时候在零点，零点画在上、下哪个图中都可以。例如，乘数6是本原九宫图的右中点，比它小的偶点有三个，即左中点、上中点和零点，参见图（i）和（j）。由于左中点、上中点要重复数一次，因此一共有5个进位点，这就是两个图中的全部实心点。由于面向右中点，此时的左、右就是原来的上、下，此时的上、下就是原来的右、左。按照图中标示的数字顺序数数，当数到3的时候，到达本原九宫图的下中点（即本原位置八），可见3的6倍的个位数等于8；从1数到3，只经过一个实心点，这意味着进位是1，故$3\times6=18$。当数到7的时候，到达本原九宫图的上中点（即本原位置二），可见7的6倍的个位数等于2；从1数到7一共经过4个实心点，这意味着进位是4，故$7\times6=42$。

乘数5的乘法口诀示意图比较简单，也比较特别，见图（m）。因为5的偶数倍的个位数都是零，奇数倍的个位数都是5，被乘数每增加2，进位就增加1，所以进位点就是4个中点，而乘积的个位数按照如下规则计算：

偶点的5倍归于零，角点的5倍归于中心

简言之，偶归偶，奇归奇。因为每两个5相加等于10，所以被乘数每增加2，进位就增加1。因此，我们可以将每个中点当作一个进位点。按照本原九宫图的自然顺序数数 1～9，每经过一个中点，就进位 1。当数到 4 的时候，到达本原位置四，这是一个偶点，故 4 的 5 倍的个位数等于 0（零点），而从 1 数到 4 一共要经过两个实心点，这意味着进位 2，因此 $4\times5=20$。当数到 7 的时候，到达本原位置七，这是一个角点，故 7 的 5 倍的个位数等于 5（中心），而从 1 数到 7 一共要经过 3 个实心点，这意味着进位 3，因此 $7\times5=35$。

本节要点总结为九宫图上有完整的乘法口诀表，由图读口诀的方法是如下的数数法。

乘数	朝向	数数	进位点
角点	乘数位于左前方	数遍九宫	比乘数小的点
中点	面向乘数	数遍偶点	比乘数小的偶点
中心	面向上中点	数遍九宫	中点

练习题

利用九宫图口算下列乘法：

（1）6×3；

（2）9×3；

（3）4×7；

（4）7×9；

（5）6×5；

（6）8×9；

（7）4×2；

（8）8×2；

（9）7×4；

（10）6×6；

（11）4×8；

（12）9×8。

练习题答案：（1）18；（2）27；（3）28；（4）63；（5）30；（6）72；（7）8；（8）16；（9）28；（10）36；（11）32；（12）72。注意，一定要从图形中直接读出答案，不能依靠普通乘法口诀。

第4节 九宫速算法综合演练

既然算术运算在九宫图上有良好的表现，利用九宫图就能够实现加减乘除等算术运算的彻底心算。简单地说，九宫图是一个良好的算盘——九宫算盘。在本节中，我们在九宫算盘上做算术速算的一些综合演练。

九宫图具有记忆宫殿的功能，因此特别适合做累次加减法。例如，听算下列算式：

$$12+45+67+89+99-51。$$

参看下页中的图。首先在本原九宫图上画出点 1、2，分别标注这两个点的族号 0，然后画从点 1 指向点 2 的箭头，如图（a）所示。按顺序读出两个点的族号 00。当听到加 45 的时候，在箭头的起点和终点分别加上 4 和 5，得到中心点与下角点，这是新箭头的起点和终点，如图（b）所示，族号依然是 00。当听到加 67 的时候，在箭头的起点和终点分别加上 6 和 7，得到左上角点与左中点，族号变成了 11，如图（c）所示。加上 89，得到右下角点与右上角点，族号为 12，图略。加上 99，得到下中点与上中点，族号为 23，图略。减去 51，得到右上角点与左上角点，族号为 23，如图（d）所示。从右上角点指向左上角点的箭头代表数 31。由于族号代表进位，所以族号 23 代表 230。故原算式等于 $230+31=261$。熟悉上述方法以后，就不需要真的用笔画出图形，只需在心中用图思维即可。

若将此例改为看算题，则可以对每个数位分别求和。十位求和得到右上角点，族号为 2；个位求和得到左上角点，族号为 3，参看图（d）。同样可以得到答案 261。

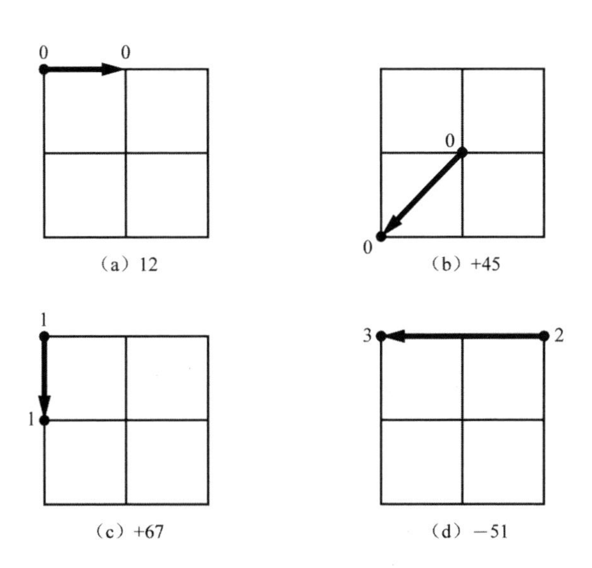

（a）12　（b）+45
（c）+67　（d）−51

由上一节可知，在九宫图中数数，就可以获得任意两个数字的乘积，包括其个位与进位。据此，很容易通过数数法在九宫图中计算任意多位数与一位数的乘积。

例如，用数数法计算乘积 4789×3 。根据乘数 3 的乘法口诀示意图，面向本原九宫图的右边数数（即本原点三读作一），数出被乘数 04789，连线并标注箭头方向。由于进位点只有本原点二和一，容易数出每个点的进位构成序列 01222，见下面的图（a）。将每个进位加到折线上的上一个点，直至得到族号全为 0 的点序列，见图（b）。在本原九宫图中读出该序列所对应的数，得到最终结果 14367，即 $4789\times3=14367$ 。

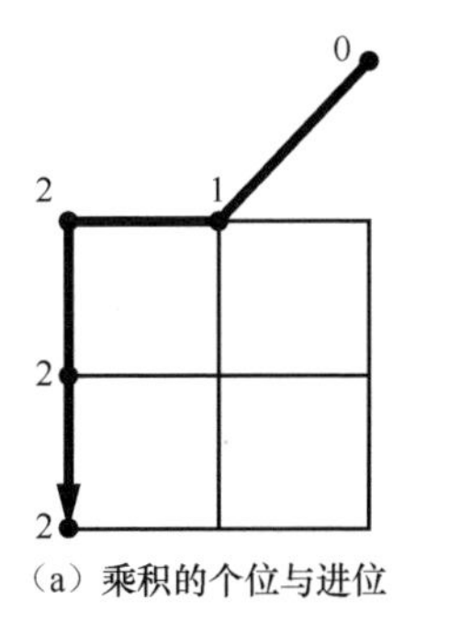

（a）乘积的个位与进位

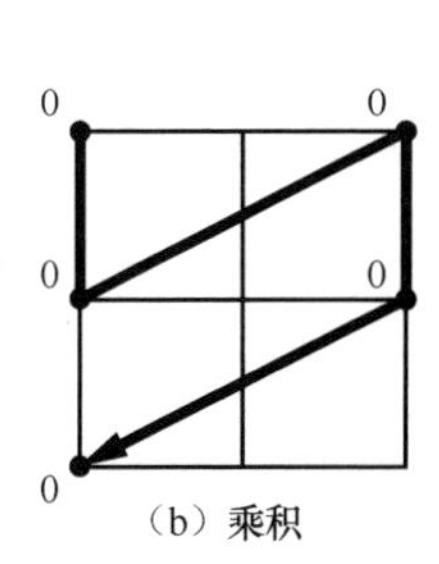

（b）乘积

由于除法是乘法的逆运算，将上述过程反过来，就得到了多位数除以一位数的九宫速算法。为了计算$14367 \div 3$，可将被乘数在九宫图中面向除数 3 表示出来，见前面的图（b）。从图中折线的最后一个点——左下角点（本原点七）开始计算。由于该点的进位为 2，将折线中的倒数第二个点减去 2 得到左中点（本原点四）。同理，该点的进位为 2，将折线中的第三个点减去 2，得到左上角点（本原点一）……直至最后，折线的起点回到零点。此时，我们得到图（a），面向本原点三读出该图中的折线所代表的数 04789。这就是所要求的商，即$14367 \div 3 = 4789$。

梅花积很容易在九宫图中表示出来。任意两个数字的乘积的个位数在九宫图中对应的点基本上就是梅花积：当点是零点或者本原点一、二、三时，族号为 0；否则，族号为-1。为了计算任意两个多位数的乘积，可以用九宫图来计算梅花积及其和，并记录计算的阶段性结果与最终结果。由于九宫图便于在内心勾画，该方法使得我们可以实现多位数乘除法的彻底心算。

例如，在计算456×789时，由于$4 \times 7 = 28$，可在九宫图中画出 28，再加上后进 4 和 5，然后减去 2，得到下页中的图（a）。计算梅花积$4 \otimes 8 = 2$，$5 \otimes 7 = -5$，在九宫图中画出点 2，并减去 5，再加上后进 4、5、6，然后减去 3，得到新的点 9 并与前面已有的结果连接起来，得到图（b）。计算梅花积$4 \otimes 9 = -4$，$5 \otimes 8 = 0$，$6 \otimes 7 = 2$，在九宫图中画出点 2，减去 4，然后加上后进 5、6，减去 2。由于 5 与 9 属于“隔三岔五”的关系，微调进位时需要加上 1，得到新的点 8。将它与前面已有的结果连接起来，得到图（c）。计算梅花积$5 \otimes 9 = -5$，$6 \otimes 8 = -2$，在九宫图中从点 0 开始，减去 5 和 2，再加上后进 5，得到-1族的点 8，然后将前面已有结果的最后一个点减去 1，接上点 8，见下页中的图（d）。最后，直接计算$6 \times 9 = 54$，取个位数 4，将点 4 与前面的结果接起来，得到图（e），由此读出答案 359784，即$456 \times 789 = 359784$。

除法的梅花积方法也可以借助九宫图实现。在计算$359784 \div 789$时，根据上一章第 6 节介绍的除法竖式，首先在图中画出被乘数的最高两位数 35，得到商为 4，然后在九宫图中直接计算 35 与部分梅花积的差。在差的后面缀上被乘数的下一位数 9 并标注在九宫图中，类似于第一步与第二个部分梅花积作差……直至算出完整的商和余数，此时留在图形中的最后的数就是余数。此例的最后图形中只有零点，即余数为 0。读者可自行画出相应的图示。

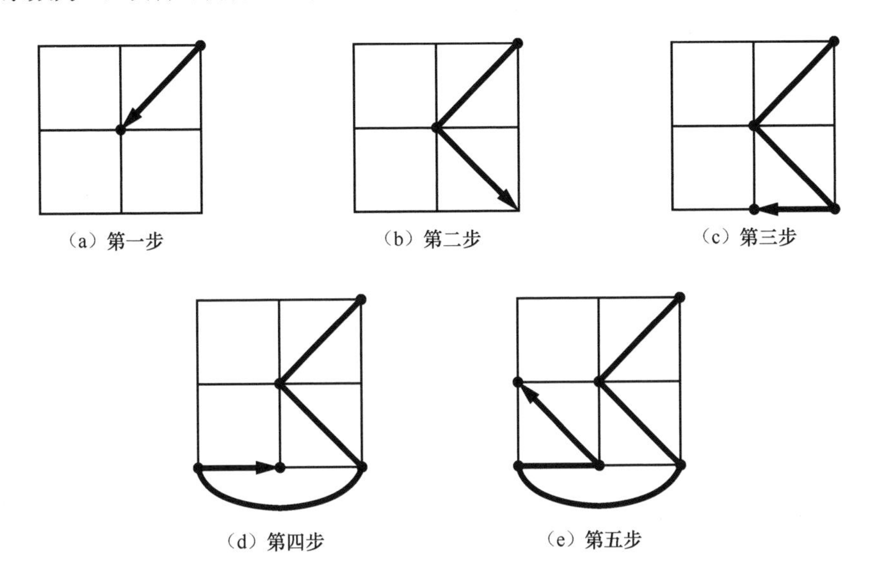

（a）第一步　（b）第二步　（c）第三步

（d）第四步　（e）第五步

本节要点总结为九宫速算法：

运算	方法
加减法	不同数位上的点对应加减，标记族号
多位数乘除一位数	数数法，加上或者减去进位
多位数乘除多位数	采用梅花积，图中求和差

要熟练地掌握九宫速算法，必须进行一定量的训练。注意，在做下列练习题时，初级要求允许用笔画图，最终要求是纯粹心算，不可以使用任何实物工具，甚至不允许用笔画图和记录结果。

练习题

一、用九宫图速算下列算式：

（1）1+2+3+4+5+6+7+8+9+6；

（2）$5+2+3+4-6+3+7-1+8+9$；

（3）$25+24+13+48+29+42+67+28+37+55$；

（4）$14+21+33+46-23+35+77-11+38+49$；

（5）$123+211+233+456-223+379+274-138$；

（6）$1234+1111+2233+4455+6789-2134+1197$；

（7）456789×3；

（8）456789×7；

（9）456789×8；

（10）456789×37；

（11）987×654

（12）2345×6789；

（13）$3456789\div3$；

（14）$3192847\div7$；

（15）$205495\div365$；

（16）$456789\div678$。

二、用九宫速算法计算第1章开头提到的心算比赛题：$752+149+385+751-492+936+358+861-573+729+148+782+514+167+623$。

三、用九宫速算法计算上一章开头提及的三道乘法心算比赛题中的第一题7129368×593740628。

四、用九宫速算法计算上一章开头提及的比赛中的三道除法题中的第一题$7311420695501034\div930651274$。

练习题答案：一、（1）51；（2）34；（3）368；（4）279；（5）1315；（6）14885；（7）1370367；（8）3197523；（9）3654312；（10）16901193；（11）645498；（12）15920205；（13）1152263；（14）456121；（15）563；（16）673……495。二、6090。三、4232995433563104。四、7856241。

你算对了吗？若不对，请重新计算。

后记

算术是数学的根本，速算是人类的梦想。电子计算机的出现和普及，一度让人们以为速算或心算仅仅是益智游戏。然而，随着大数据时代的来临，计算机的计算能力面临着大数位障碍的严峻考验，尤其是计算大数位的乘积成为关键的挑战。在这样的背景下，计算机实际上也呼唤更好的数学计算方法，比如发展快速数论变换方法，或将吠陀数学中的速算方法运用到计算机乘法器的设计之中。后者让印度历史上的吠陀数学再次风靡全球。

吠陀数学的确提供了一些神奇的速算方法，但是不难看到那些方法总是针对特殊的情形。相对而言，史丰收速算法是最为系统的速算理论，可以凭借心算快速计算任意两个多位数的乘除法，这是我们中国人的骄傲。然而，这只代表 20 世纪的辉煌。

本书介绍的剪刀积方法乃至梅花积方法，是本世纪我们对于速算理论的最新创造。它与史丰收理论一样具有系统性，然而所需记忆的东西极少，仅“三七同临，隔三岔五”八个字而已，因此这种方法更为简单方便、实用有效。此外，九宫速算法来自中国传统文化，较为完备地揭示了洛书中的数字规律，成为另一套系统的、纯粹的心算方法。这是数学与文化交相辉映的典范之作。如果说普通算盘是以珠子的数目代表数，那么（头脑中的）九宫算盘则是用位置代表数，后者比前者更为直观。剪刀积梅花积理论、九宫速算法这两项发明，再加上人们熟知的珠心算，代表国际速算理论的时代高峰，同样都是国人的骄傲。

当然，如何将我们的速算理论用于提升计算机的计算能力，以及如何进一步完善有关速算理论，尤其是进一步改进九宫速算法，有待人们进一步探索和研究。

数的奥妙是无穷的，速算理论也是一言难尽的，要完全领悟并掌握本书中介绍的方法，当然不是一朝一夕就可以如愿以偿的。但不论如何，只要你看完了本书，就一定会有收获。哪怕你只阅读了其中的一部分内容，也会毫无疑问地提高速算水平。倘若假以时日，勤学苦练，则定会熟能生巧、融会贯通，你一定可以成为速算达人！

扩展阅读

以下列举作者有关速算理论的部分原创论文，感兴趣的读者可以自行上网阅读。

[1] Yongwen Zhu. The Plum-Blossom Product Method of Large Digit Multiplication and Its Application to Computer Science. *International Journal of Computer Applications* 183(41):17-23, December 2021.

[2] Yongwen Zhu. A Multiplication Formula and Its Application. arXiv:2110.01820 [math.NT].

[3] Yongwen Zhu. On the Nine-Palace Arithmetic —— A New Method of Mental Calculation. arXiv:2107.06647 [math.HO].

[4] ZHU Yong-Wen. Theory of scissor products and applications[EB/OL]. Beijing: Sciencepaper Online[2020-11-25].